4.4 碗碟

5.1.5 洗手盆

5.4 牵牛花

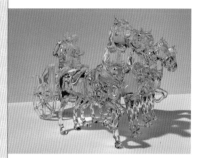

6.2.5 磨砂玻璃

6.3.5 樱桃材质

6.3 多维、子对象

6.5 木纹材质

6.6 金属材质

7.1.5 创建灯光

7.2.5 水边住宅

7.6 室外太阳光的创建

8.3.5 流动的水

9.2 浪漫的泡泡

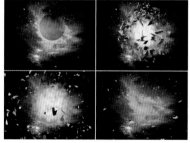

9.3 星球爆炸

9.4 下雪效果

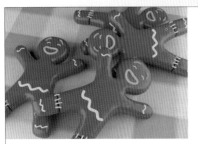

10.1 掉落的姜饼人 (1)

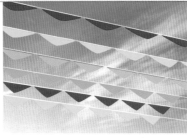

10.2.5 彩旗飘飘

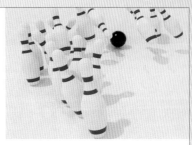

10.3 保龄球 (3)

10.4 陶罐的丝绸盖

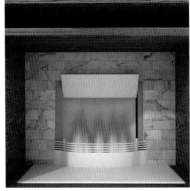

11.2.5 壁炉火效果

11.2 心形燃烧的蜡烛

11.3 使用体积光制作云彩

11.4.5 体积雾

12.1.5 蝴蝶 (2)

12.2 机器人 (2)

12.3 机器人 2(3)

12.4 蜜蜂 (3)

"十二五"职业教育国家规划教材

经全国职业教育教材审定委员会审定

边做边学

3ds Max 2014

动画制作案例教程

徐丰安 张乐天 ◎ 主编

王慧 周蓉 夏欣荣 ◎ 副主编

人民邮电出版社

北京

图书在版编目（CIP）数据

边做边学：3ds Max 2014动画制作案例教程 / 徐丰
安，张乐天 主编. -- 北京：人民邮电出版社，2015.4（2022.12重印）
"十二五"职业教育国家规划教材
ISBN 978-7-115-38791-2

Ⅰ. ①边… Ⅱ. ①徐… ②张… Ⅲ. ①三维动画软件
—高等职业教育—教材 Ⅳ. ①TP391.41

中国版本图书馆CIP数据核字(2015)第051618号

内 容 提 要

本书全面系统地介绍了 3ds Max 的各项功能和动画制作技巧，内容包括初识 3ds Max 2014、创建基本几何体、二维图形的创建、三维模型的创建、复合对象的创建、材质与贴图、灯光与摄影机、基础动画、粒子系统与空间扭曲、MassFX、环境特效动画、高级动画设置等。

本书采用案例编写形式，体现"边做边学"的教学理念，不仅让学生在做的过程中熟悉、掌握软件功能，而且加入了案例的设计理念等分析内容，为学生今后走上工作岗位打下基础。本书配套光盘中包含了书中所有案例的素材及效果文件，以利于教师授课和学生练习。

本书可作为中等职业学校计算机平面设计、数字媒体技术应用等专业 3ds Max 课程的教材，也可作为相关人员的参考用书。

◆ 主　　编　徐丰安　张乐天
　　副主编　王　慧　周　蓉　夏欣荣
　　责任编辑　王　平
　　责任印制　杨林杰

◆ 人民邮电出版社出版发行　　北京市丰台区成寿寺路 11 号
　　邮编　100164　　电子邮件　315@ptpress.com.cn
　　网址　http://www.ptpress.com.cn
　　固安县铭成印刷有限公司印刷

◆ 开本：787×1092　1/16　　　彩插：1
　　印张：13.75　　　　　　　　2015 年 4 月第 1 版
　　字数：354 千字　　　　　　2022 年 12 月河北第 15 次印刷

定价：37.80 元（附光盘）

读者服务热线：(010)81055256　印装质量热线：(010)81055316
反盗版热线：(010)81055315
广告经营许可证：京东市监广登字20170147号

前　言

3ds Max 是由 Autodesk 公司开发的三维设计软件。它功能强大，易学易用，深受国内外建筑工程设计和动画制作人员的喜爱，已经成为这些领域最流行的软件之一。本书根据《中等职业学校专业教学标准》要求编写，邀请行业、企业专家和一线课程负责人一起，从人才培养目标、专业方案等方面做好顶层设计，明确专业课程标准，强化专业技能培养，安排教材内容；根据岗位技能要求，引入了企业真实案例，力求达到"十二五"职业教育国家规划教材的要求，提高中职学校专业技能课的教学质量。

根据现代中职学校的教学方向和教学特色，我们对本书的编写体系做了精心的设计。每章按照"课堂学习目标—案例分析—设计理念—操作步骤—相关工具—实战演练"这一思路进行编排，力求通过案例演练，使学生快速熟悉艺术设计理念和软件功能；通过软件相关功能解析使学生深入学习软件功能和制作特色；通过实战演练和综合演练，拓展学生的实际应用能力。在内容编写方面，力求全面细致、重点突出；在文字叙述方面，注意言简意赅、通俗易懂；在案例选取方面，强调案例的针对性和实用性。

本书配套光盘中包含了书中所有案例的素材及效果文件。另外，为方便教师教学，本书配备了详尽的课堂实战演练和课后综合演练的操作步骤文稿、PPT 课件、教学大纲，附送商业实训案例文件等丰富的教学资源，任课教师可登录人民邮电出版社教学服务与资源网（www.ptpedu.com.cn）免费下载使用。本书的参考学时为 72 学时，各章的参考学时参见下面的学时分配表。

章　节	课程内容	学时分配
第 1 章	初识 3ds Max 2014	2
第 2 章	创建基本几何体	3
第 3 章	二维图形的创建	3
第 4 章	三维模型的创建	4
第 5 章	复合对象的创建	6
第 6 章	材质与贴图	6
第 7 章	灯光与摄影机	7
第 8 章	基础动画	7
第 9 章	粒子系统与空间扭曲	9
第 10 章	MassFX	7
第 11 章	环境特效动画	9
第 12 章	高级动画设置	9
课 时 总 计		72

本书由徐丰安、张乐天主编，王慧、周蓉、夏欣荣任副主编，参加编写的老师有杨照生、孙第明，吴璇。由于时间仓促，加之编者水平有限，书中难免存在错误和不妥之处，敬请广大读者批评指正。

编　者
2014 年 10 月

3ds Max 教学辅助资源及配套教辅

素材类型	名称或数量	素材类型	名称或数量
教学大纲	1 套	课堂实例	34 个
电子教案	12 单元	课后实例	55 个
PPT 课件	12 个	课后答案	55 个
第 2 章 创建基本几何体	边几	第 8 章 基础动画	标版文字
	床凳		摄影机景深
	花箱		景深
	双人沙发		卧室场景的布光
	草地		室外太阳光的创建
	花丛		摇摆的木马
	鸡蛋的制作		自由的鱼儿
	铅笔的制作		跳动的小球
第 3 章 二维图形创建	回旋针		旋转的吊扇
	红酒架		玩具汽车
	网漏		流动的水
	螺丝钉		放飞气球
	3D 文字		掠过镜头的飞机
	五角星	第 9 章 粒子系统与空间扭曲	粒子标版动画
	毛巾架的制作		星空流星
	文件架的制作		浪漫的泡泡
第 4 章 三维模型创建	酒杯		水面涟漪
	瓷瓶		星球爆炸
	中式电视柜		下雪效果
	相框	第 10 章 MassFX	掉落的姜饼人
	魔方		掉在地板的球
	晶格装饰		被风吹动的窗帘
	碗碟的制作		彩旗飘飘
	现代装饰挂画的制作		保龄球
第 5 章 复合对象的创建	手机		陶罐的丝绸盖
	洗手盆	第 11 章 环境特效与动画	环境编辑器简介
	吸管		壁炉篝火
	鱼缸		壁炉火效果
	装饰画的制作		使用体积光制作云彩
	牵牛花的制作		室内体积光效果
第 6 章 材质与贴图	白色瓷器质感		其他"大气"
	塑料质感		体积雾效果
	玻璃质感		太阳耀斑
	水晶装饰		路灯效果
	多维/子对象		其他"效果"
	樱桃材质		毛发效果
	VRay 灯光材质		爆炸效果
	发光灯罩		燃烧的火柴
	木纹材质	第 12 章 高级动画	木偶
	金属材质		蝴蝶
第 7 章 灯光与摄影	天光的应用		机器人
	创建灯光		机械手臂
	场景布光		机器人 2
	水边住宅		蜜蜂
	摄影机跟随		

目　　录

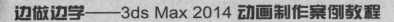

第1章 初识 3ds Max 2014

本章将对 3ds Max 2014 在动画方面的概述和软件的操作界面进行简要介绍，还将讲解 3ds Max 2014 的基本操作方法。读者通过本章的学习，要初步认识和了解这款三维创作软件。

 课堂学习目标

- 动画设计概述
- 3ds Max 2014 的操作界面
- 3ds Max 2014 的坐标系统
- 对象的选择方式
- 对象的变换
- 对象的复制
- 捕捉工具
- 对齐工具
- 撤销和重复命令
- 对象的轴心控制

1.1 动画设计概述

1.1.1 【操作目的】

在动画设计之前，首先对动画有一个深入的了解。

1.1.2 【操作步骤】

步骤 1 什么是 CG 行业。
步骤 2 了解影视动画行业的发展前景。
步骤 3 了解影视动画行业的应用。

1.1.3 【相关工具】

CG 是 Computer Graphic（计算机图形图像）的缩写。CG 发展到今天已经成为全球性的知识型产业，每年拥有几百亿美元的产值，并且还保持高速增长。

影视动画行业是 CG 产业中一个重要的组成部分，它凭借着自身的技术优势在电影特效、建筑动画、3D 动画等应用领域占据了重要的地位，而它所依赖的核心就是计算机数码技术。

现在，几乎在每一部电影中都能看到计算机数码技术的身影，它不但带给了人们灵活多变的故事讲述方式，也带给了人们强烈的视觉体验。通过计算机数码技术所制作的画面具有很明显的优势，如一些无法通过拍摄得到的特殊视觉效果的画面，在计算机数码技术的帮助下很容易实现。而且，那些震撼人心却在制作上耗时耗力的高难度镜头通过计算机来制作，在降低成本的同时，更能保证演员在拍摄过程中的安全。计算机数码技术还可以在影视拍摄的前期阶段为人们提供更形象的预览，使得制作人员对整部电影的风格走向及在制作过程中的技术难度预计有一个总体印象，这种印象可作为制定解决方案的一个有效的凭据。

动画的分类没有一定之规。从制作技术和手段上看，动画可分为以手工绘制为主的传统动画和以计算机为主的电脑动画。按动作的表现形式来区分，动画大致分为接近自然动作的"完善动画"（动画电视）和采用简化、夸张的"局限动画"（幻灯片动画）。从空间的视觉效果上看，动画又可分为平面动画，如《海绵宝宝》等，如图 1-1 所示；三维动画，如《蓝精灵》，如图 1-2 所示。

提 示 业内人士已经开始关注"电脑三维动画"（以下简称"三维"）在影视广告中的广泛应用，仅以中央电视台一套节目为例：新闻联播前 21 条广告中，有 9 条是全三维制作，另有 9 条超过 50%的画面用三维制作，仅有 3 条以实拍为主；新闻联播和气象预报之间的 13 条广告，3 条以实拍为主，其余 10 条为全三维制作。

图 1-1

图 1-2

多个不同的帧按照设定好的顺序不断地运动，由于每一帧图像在人的眼睛中都会产生视觉暂留现象，于是这些帧图像连续的运动就产生了动画，电影、电视就是根据这种动画原理制作的。医学已证明，人类具有"视觉暂留"的特性，就是说人的眼睛看到一幅画或一个对象后，在 1/24 秒内不会消失。利用这一原理，在一幅画还没有消失前播放出下一幅画，就会给人造成一种流畅的视觉变化效果。因此，电影采用了每秒 24 幅画面的速度拍摄播放，电视采用了每秒 25 幅（PAL 制）（中央电视台的动画就是 PAL 制）或 30 幅（NSTC 制）画面的速度拍摄播放。如果以每秒低于 24 幅画面的速度拍摄播放，就会出现停顿现象。

1.2　3ds Max 2014 的操作界面

1.2.1　【操作目的】

在学习 3ds Max 2014 之前，首先要认识它的操作界面，并熟悉各控制区的用途和使用方法，这样才能在建模操作过程中得心应手地使用各种工具和命令，并可以节省大量的工作时间。下面就对 3ds Max 2014 的操作界面进行介绍。

中等职业教育数字艺术类规划教材

1.2.2 【操作步骤】

双击桌面上的 图标启动 3ds Max 2014，稍等即可打开其动作界面。

1.2.3 【相关工具】

1. 3ds Max 2014 操作界面简介

它主要包括标题菜单栏、主工具栏、命令面板、视图控制区、动画播放区、脚本侦听器、状态栏以及菜单栏几大部分，如图 1-3 所示。

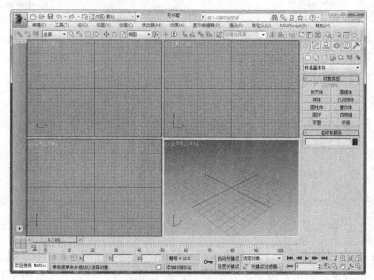

图 1-3

下面将主要介绍常用的几个视图结构。

2. 标题菜单栏

标题菜单栏位于主窗口的顶部，如图 1-4 所示。每个菜单名称表明该菜单上命令的用途。单击菜单名时，下面弹出很多命令。

图 1-4

（新建场景）按钮：单击（新建场景）按钮，开始一个新的场景。

（打开文件）按钮：单击（打开文件）按钮，打开保存的场景。

（保存文件）按钮：单击（保存文件）按钮，保存当前打开的场景。

（撤销场景操作）按钮：单击（撤销场景操作）按钮，撤销上一个操作。单击向下箭头，显示以前操作的排序列表，以便用户可以选择撤销操作的起始点。

（重做场景操作）按钮：单击（重做场景操作）按钮，重复上一个操作。单击向下箭头，显示以前操作的排序列表，以便用户可以选择重做操作的起始点。

（项目文件夹）按钮：单击（项目文件夹）将打开一个对话框，该对话框允许为当前场景设置项目文件夹，便于用户有组织地为特定项目放置所有文件。

 按钮菜单：该按钮菜单与以前版本的"文件"材质相同，包含用于管理文件的命令，如新建、重置、打开、导入、归档、合并、导入、导出等，如图 1-5 所示。

"编辑"菜单："编辑"菜单包含用于在场景中选择和编辑对象的命令，如撤销、重做、暂存、取回、删除、克隆、移动等对场景中的对象进行编辑的命令，如图 1-6 所示。

"工具"菜单：在 3ds Max 场景中，"工具"菜单显示可帮助用户更改或管理对象，特别是对象集合的对话框，如图 1-7 所示，从下拉菜单中可以看到常用的工具和命令。

| 图 1-5 | 图 1-6 | 图 1-7 |

"组"菜单：包含用于将场景中的对象成组和解组的功能，如图 1-8 所示。组可将两个或多个对象组合为一个组对象。为组对象命名，然后像任何其他对象一样对它们进行处理。

"视图"菜单：该菜单包含用于设置和控制视口的命令，如图 1-9 所示。通过鼠标单击视口标签 [+][透视][真实]也可以访问该菜单上的某些命令，如图 1-10 所示。

| 图 1-8 | 图 1-9 | 图 1-10 |

"创建"菜单：提供了一个创建几何体、灯光、摄影机和辅助对象的方法。该菜单包含各种子菜单，它与创建面板中的各项是相同的，如图 1-11 所示。

"修改器"菜单:"修改器"菜单提供了快速应用常用修改器的方式。该菜单划分为一些子菜单,菜单上各个项的可用性取决于当前选择,如图 1-12 所示。

"动画"菜单:提供一组有关动画、约束和控制器以及反向运动学解算器的命令。此菜单中还提供自定义属性和参数关联控件,以及用于创建、查看和重命名动画预览的控件,如图 1-13 所示。

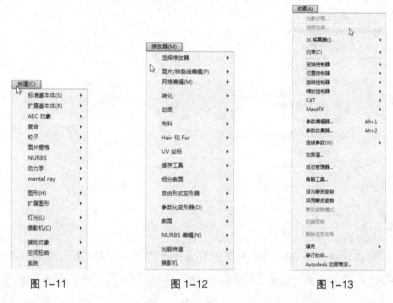

图 1-11   图 1-12   图 1-13

"图表编辑器"菜单:使用"图表编辑器"菜单可以访问用于管理场景及其层次和动画的图表子窗口,如图 1-14 所示。

"渲染"菜单:该菜单包含用于渲染场景、设置环境和渲染效果、使用 Video Post 合成场景以及访问 RAM 播放器的命令,如图 1-15 所示。

"自定义"菜单:包含用于自定义 3ds Max 用户界面(UI)的命令,如图 1-16 所示。

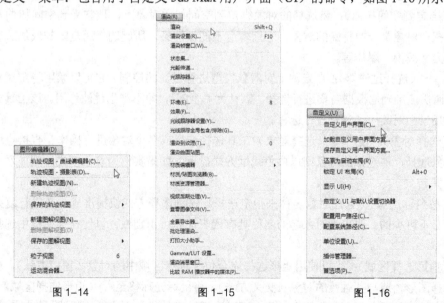

图 1-14   图 1-15   图 1-16

"MAXScript"菜单:该菜单包含用于处理脚本的命令,这些脚本是用户使用软件内置脚本语言 MAXScript 创建而来的,如图 1-17 所示。

"帮助"菜单：通过"帮助"菜单可以访问 3ds Max 联机参考系统，如图 1-18 所示。"欢迎使用屏幕"命令显示第一次运行 3ds Max 时默认情况下打开的"欢迎使用屏幕"对话框。"用户参考"命令显示 3ds Max 联机"用户参考"等，为用户学习提供了方便。

图 1-17　　　　　　　　　　图 1-18

3. 工具栏

通过工具栏可以快速访问 3ds Max 中很多常见任务的工具和对话框，如图 1-19 所示。

图 1-19

下面我们对工具栏中的各个工具进行介绍，以便后来的应用。

（选择并链接）：将两个对象进行父子关系链接，定义层级关系，以便进行链接运动操作。

（断开当前选择链接）：使用　（断开当前选择链接）按钮可移除两个对象之间的层次关系。

（绑定到空间扭曲）：将选择的对象绑定到空间扭曲对象上，使它受到空间扭曲对象的影响。空间扭曲对象是一类特殊的对象，它们本身不能被渲染，所起的作用是限制或加工绑定的对象，如风力、波浪、爆炸等。

（选择过滤器）：在宏观上对对象类型进行过滤的控制。它可以禁用特定类别对象的选择，从而快捷准确地根据需要进行选择。默认为"全部"，即不产生过滤作用。该工具非常适合在复制的场景中对某一类对象进行选择。

（选择对象）：使用　（选择对象）工具选择一个或多个对象进行操作。直接点取对象就可以将对象选择，被选择的对象则以白色线框方式显示，如果实例为着色模式，则显示一个白色的八角边框。

（按名称选择）：通过对象名称来指定选择。这种选择方式快捷准确，在进行复杂场景的操作时是必不可少的。要求为对象起的名称具有代表性和可识别性，以便在选择框中选择时更便于识别。

（矩形选择区域）：可以使用矩形选择完全位于选择区域中的对象（窗口方法），也可以选择位于选择图形内或与其触及的对象（交叉方法）。将鼠标光标移至　（矩形选择区域）按钮上，按住鼠标左键不放，会弹出隐藏按钮，从中可以选择以哪种状态方式选择区域，包括　（圆形选择区域）、　（围栏选择区域）、　（套索选择区域）和　（绘制选择区域）。

(窗口/交叉)：在按区域选择时， (窗口/交叉)可在窗口选择和交叉选择方法之间进行切换。

(选择并移动)：使用 (选择并移动)按钮来选择并移动对象。要移动单个对象，则无须先选择 (选择并移动)按钮。当该按钮处于活动状态时，单击对象进行选择，并拖动鼠标以移动该对象。

(选择并旋转)：围绕一个轴旋转对象时（通常情况如此），不要旋转鼠标以期望对象按照鼠标运动来旋转，只要直上直下地移动鼠标即可。朝上旋转对象与朝下旋转对象方式相反。

(选择并缩放)：缩放工具可以沿着轴线或者等比例缩放模型，在隐藏的工具中包括均匀缩放、非均匀缩放和选择并挤压 3 种工具类型。

参考坐标系：使用"参考坐标"系列表，可以指定变换（移动、旋转和缩放）所用的坐标系。选项包括"视图"、"屏幕"、"世界"、"父对象"、"局部"、"万向"、"栅格"、"工作"和"拾取"，如图 1-20 所示。

图 1-20

(使用轴心点)： (使用轴心点)弹出按钮提供了对用于确定缩放和旋转操作几何中心的 3 种方法的访问。使用 (使用轴心点)弹出按钮中的 (使用轴心点)选项，可以围绕其各自的轴点旋转或缩放一个或多个对象。自动关键点处于活动状态时， (使用轴心点)将自动关闭，并且其他选项均处于不可用状态。使用 (使用选择中心)按钮，可以围绕其共同的几何中心旋转或缩放一个或多个对象。如果变换多个对象，该软件会计算所有对象的平均几何中心，并将此几何中心用作变换中心。使用 (使用变换坐标中心)按钮，可以围绕当前坐标系的中心旋转或缩放一个或多个对象。

(选择并操纵)：使用"选择并操纵"命令可以通过在视口中拖动"操纵器"，编辑某些对象、修改器和控制器的参数。

(键盘快捷键覆盖切换)：使用"键盘快捷键覆盖切换"，可以在只使用"主用户界面"快捷键和同时使用主快捷键和组（如编辑/可编辑网格、轨迹视图、NURBS 等）快捷键之间进行切换。可以在"自定义用户界面"对话框中自定义键盘快捷键。

(捕捉开关)： (3D 捕捉)是默认设置，光标直接捕捉到 3D 空间中的任何几何体。3D 捕捉用于创建和移动所有尺寸的几何体，而不考虑构造平面。 (2D 捕捉)光标仅捕捉到活动构建栅格，包括该栅格平面上的任何几何体，将忽略 z 轴或垂直尺寸。 (2.5D 捕捉)光标仅捕捉活动栅格上对象投影的顶点或边缘。

(角度捕捉切换)："角度捕捉切换"确定多数功能的增量旋转。默认设置为以 5° 增量进行旋转。

(百分比捕捉切换)："百分比捕捉切换"通过指定的百分比增加对象的缩放。

(微调器捕捉切换)：使用"微调器捕捉切换"设置 3ds Max 中所有微调器的单个单击增加或减少值。

(编辑命名选择集)： (编辑命名选择集)显示"编辑命名选择"对话框，可用于管理子对象的命名选择集。

(镜像)：单击 (镜像)按钮将显示"镜像"对话框，使用该对话框可以在镜像一个或多个对象的方向时，移动这些对象。"镜像"对话框还可以用于围绕当前坐标系中心镜像当前选择。使用"镜像"对话框可以同时创建克隆对象。

(对齐)： (对齐)弹出按钮提供了用于对齐对象的 6 种不同工具的访问。单击 (对齐），然后选择对象，将显示"对齐"对话框，使用该对话框可将当前选择与目标选择对齐。目标对象的名称将显示在"对齐"对话框的标题栏中，执行子对象对齐时，"对齐"对话框的标题栏会显示为"对齐子对象当前选择"；单击 （快速对齐），可将当前选择的位置与目标对象的位置立即对齐；单击 （法线对齐）弹出对话框，基于每个对象上面或选择的法线方向将两个对象对齐；单击 （放置高光）上的"放置高光"，可将灯光或对象对齐到另一对象，以便可以精确定位其高光或反射；单击 （对齐摄影机），可以将摄影机与选定的面法线对齐；（对齐到视图）可用于显示"对齐到视图"对话框，使用户可以将对象或子对象选择的局部轴与当前视口对齐。

（层管理器）：主工具栏上的 （层管理器）可以创建和删除层的无模式对话框，也可以查看和编辑场景中所有层的设置，以及与其相关联的对象。使用此对话框，可以指定光能传递解决方案中的名称、可见性、渲染性、颜色以及对象和层的包含。

（石墨建模工具）：单击 （石墨建模工具）按钮，可以打开或关闭石墨建模工具，如图 1-21 所示。"石墨建模工具"代表一种用于编辑网格和多边形对象的新范例。它具有基于上下文的自定义界面，该界面提供了完全特定于建模任务的所有工具（且仅提供此类工具），且仅在用户需要相关参数时才提供对应的访问权限，从而最大限度地减少屏幕上的杂乱出现。

图 1-21

（曲线编辑器（打开））：轨迹"视图-曲线编辑器"是一种"轨迹视图"模式，用于以图表上的功能曲线来表示运动。利用它，可以查看运动的插值、软件在关键帧之间创建的对象变换。使用曲线上找到的关键点的切线控制柄，可以轻松查看和控制场景中各个对象的运动和动画效果。

（图解视图（打开））："图解视图"是基于节点的场景图，通过它可以访问对象属性、材质、控制器、修改器、层次和不可见场景的关系，如关联参数和实例。

（材质编辑器）："材质编辑器"提供创建和编辑对象材质以及贴图的功能。

（渲染场景对话框）："渲染场景"对话框具有多个面板。面板的数量和名称因活动渲染器而异。

（渲染帧窗口）：打开或关闭帧窗口。

（快速渲染）：该按钮可以使用当前产品级渲染设置来渲染场景，而无须显示"渲染场景"对话框。

4. 命令面板

命令面板是 3ds Max 的核心部分，默认状态下位于整个窗口界面的右侧。命令面板由 6 个用户界面面板组成，使用这些面板可以访问 3ds Max 的大多数建模功能，以及一些动画功能、显示选择和其他工具。每次只有一个面板可见，在默认状态下打开的是 （创建）面板，如图 1-22 所示。

要显示其他面板，只需单击命令面板顶部的选项卡，即可切换至不同的命令面板。命令面板从左至右依次为 （创建）、 （修改）、 （层次）、 （运动）、 （显示）和 （工具）。

面板上标有＋（加号）或－（减号）按钮的即是卷展栏。卷展栏的标题左侧带有＋号，表示卷展栏卷起，有－号表示卷展栏展开，通过单击＋号或－号，可以在卷起和展开卷展栏之间切换。

如果很多卷展栏同时展开，屏幕可能不能完全显示卷展栏，这时可以把鼠标指针放在卷展栏的空白处，当鼠标指针变成 形状时，按住鼠标左键上下拖动，可以上下移动卷展栏，这和上面提到的拖动工具栏类似。

下面介绍效果图建模中常用的命令面板。

（创建）面板是 3ds Max 最常用到的面板之一，利用 （创建）面板可以创建各种模型对象，它是命令级数最多的面板。面板上方的 7 个按钮代表了 7 种可创建的对象，简单介绍如下。

（几何体）：可以创建标准几何体、扩展几何体、合成造型、粒子系统、动力学物体等。

（图形）：可以创建二维图形，可沿某个路径放样生成三维造型。

（灯光）：创建泛光灯、聚光灯、平行灯等各种灯，模拟现实中各种灯光的效果。

（摄像机）：创建目标摄像机或自由摄像机。

（辅助对象）：创建起辅助作用的特殊物体。

（空间扭曲）物体：创建空间扭曲以模拟风、引力等特殊效果。

（系统）：可以生成骨骼等特殊物体。

单击其中的一个按钮，可以显示相应的子面板。在可创建对象按钮的下方是创建的模型分类下拉列表框 标准基本体 ，单击右侧的下三角按钮 ，可从弹出的下拉列表中选择要创建的模型类别。下拉列表框是在几何体子面板中可以创建的模型类别。

在一个物体创建完成后，如果要对其进行修改，即可单击 （修改）按钮，打开（修改）面板，如图 1-23 所示。 （修改）面板可以修改对象的参数、应用编辑修改器以及访问编辑修改器堆栈。通过该面板，用户可以实现模型的各种变形效果，如拉伸、变曲、扭转等。

在命令面板中单击 （显示）按钮，即可打开 （显示）面板，如图 1-24 所示。 （显示）面板主要用于设置显示和隐藏、冻结和解冻场景中的对象，还可以改变对象的显示特性，加速视图显示，简化建模步骤。

图 1-22

图 1-23

图 1-24

5. 工作区

工作区中共有 4 个视图。在 3ds Max 2014 中，视图（也叫视口）显示区位于窗口的中间，占据了大部分的窗口界面，是 3ds Max 2014 的主要工作区。通过视图，可以从任何不同的角度来观看所建立的场景。在默认状态下，系统在 4 个视窗中分别显示了"顶"视图、"前"视图、"左"视图和"透视"视图 4 个视图（又称场景）。其中，"顶"视图、"前"视图、"左"视图相当于物体在相应方向的平面投影，或沿 x、y、z 轴所看到的场景，而"透视"视图则是从某个角度看到的场景，如图 1-25 所示。因此，"顶"视图、"前"视图等又被称为正交视图，在正交视图中，系统仅显示物体的平面投影形状，而在"透视"视图中，系统不仅显示物体的立体形状，而且显示了物体的颜色，所以，正交视图通常用于物体的创建和编辑，而"透视"视图则用于观察效果。

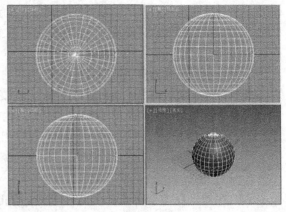

图 1-25

4 个视图都可见时，带有高亮显示边框的视图始终处于活动状态，默认情况下，透视视图"平滑"并"高亮显示"。在任何一个视图中单击鼠标左键或右键，都可以激活该视图，被激活视图的边框显示为黄色。可以在激活的视图中进行各种操作，其他的视图仅作为参考视图（注意，同一时刻只能有一个视图处于激活状态）。用鼠标左键和右键激活视图的区别在于：用鼠标左键单击某一视图时，可能会对视图中的对象进行误操作，而用鼠标右键单击某一视图时，则只是激活视图。

将鼠标指针移到视图的中心，也就是 4 个视图的交点，当鼠标指针变成双向箭头时，拖曳鼠标，如图 1-26 所示，可以改变各个视图的大小和比例，效果如图 1-27 所示。

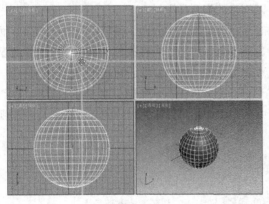

图 1-26

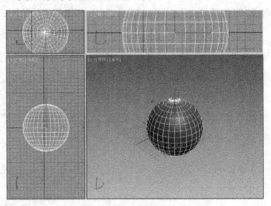

图 1-27

用户还可将视图设置为"底"视图、"右"视图、"用户"视图、"摄像机"视图、"后"视图等。摄像机视图与透视图类似，它显示了用户在场景中放置了摄像机后，通过摄像机镜头所看到的画面。

用户可以选择默认配置之外的布局。要选择不同的布局，请单击或右键单击常规视口标签 ([+])，如图 1-28 所示，然后从常规视口标签菜单中选择"配置视口"。单击"视口配置"对话框中的"布局"选项卡来选择其他布局，如图 1-29 所示。

视口标签菜单：视口标签菜单主要提供更改视口、POV，还有可选择停靠在视口中的图形编辑器窗口中显示内容的选项。一些其他选项将更改视口显示，而不会更改 POV。单击视口名称即可显示视口标签菜单，如图 1-30 所示。

视图显示菜单：在视口名称右侧的名称上单击，显示出视图模型显示类型和窗口显示效果，如图 1-31 所示。

图 1-28

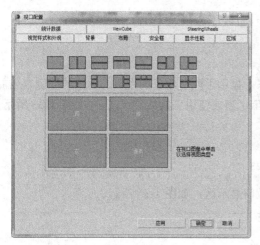

图 1-29

图 1-30

图 1-31

6.　视图控制区

视图调节工具位于 3ds Max 2014 界面的右下角。图 1-32 所示为标准 3ds Max 2014 视图调节工具，根据当前激活视图的类型，视图调节工具会略有不同。当选择一个视图调节工具时，该按钮呈黄色显示，表示对当前激活视图窗口来说该按钮是激活的，在激活窗口中单击鼠标右键关闭按钮。

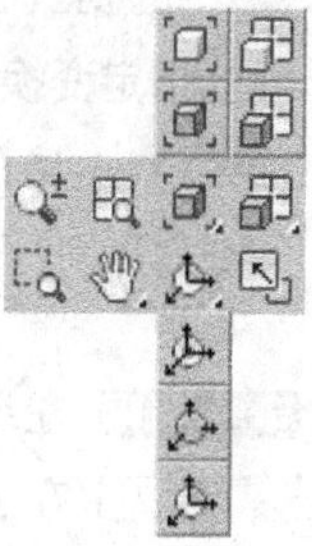

（缩放）：单击此按钮，在任意视图中按住鼠标左键不放，上下拖动鼠标，可以拉近或推远场景。

（缩放全部）：用法同缩放按钮，只不过此按钮影响的是当前所有可见的视图。

（最大化显示选定对象）：将选定对象或对象集在活动透视或正交视口中居中显示。当要浏览的小对象在复杂场景中丢失时，该控件非常有用。

（最大化显示）：将所有可见的对象在活动透视或正交视口中居中显示。当在单个视口中查看场景的每个对象时，这个控件非常有用。

图 1-32

（所有视图最大化显示）：将所有可见对象在所有视口中居中显示。当希望在每个可用视口的场景中看到各个对象时，该控件非常有用。

（所有视图最大化显示选定对象）：将选定对象或对象集在所有视口中居中显示。当要浏览的小对象在复杂场景中丢失时，该控件非常有用。

（缩放区域）：使用该按钮可放大在视口内拖动的矩形区域。仅当活动视口是正交、透视或用户三向投影视图时，该控件才可用。该控件不可用于摄影机视口。

（平移视图）：在任意视图中拖动鼠标，可以移动视图窗口。

（选定的环绕）：将当前选择的中心用作旋转的中心。当视图围绕其中心旋转时，选定对象将保持在视口中的同一位置上。

（环绕）：将视图中心用作旋转中心。如果对象靠近视口的边缘，它们可能会旋出视图范围。

（环绕子对象）：将当前选定子对象的中心用作旋转的中心。当视图围绕其中心旋转时，当前选择将保持在视口中的同一位置上。

（最大化视口切换）：单击该按钮，当前视图将全屏显示，便于对场景进行精细编辑操作。

再次单击该按钮，可恢复原来的状态，其快捷键为 Alt+W。

7. 状态栏

状态行和提示行位于视图区的下部偏右。状态行显示了所选对象的数目、对象的锁定、当前鼠标的坐标位置、当前使用的栅格距等。提示行显示了当前使用工具的提示文字，如图 1-33 所示。

图 1-33

坐标数值显示区：在锁定按钮的右侧是坐标数值显示区，如图 1-34 所示。

图 1-34

1.3　3ds Max 2014 的坐标系

1.3.1　【操作目的】

3ds Max 2014 提供了多种坐标系统，如图 1-35 所示。使用参考坐标系列表，可以指定变换（移动、旋转和缩放）所用的坐标系，选项包括"视图"、"屏幕"、"世界"、"父对象"、"局部"、"万向"、"栅格"、"工作"和"拾取"。

1.3.2　【操作步骤】

步骤 1 在场景中选择需要更改坐标系的模型，如图 1-36 所示。

图 1-35

步骤 2 在工具栏中的参考坐标系中选择需要的坐标系统，如图 1-37 所示。

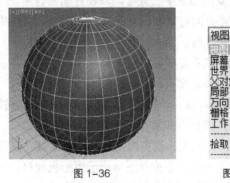

图 1-36　　　　　　　图 1-37

1.3.3　【相关工具】

坐标系统

"视图"坐标系：在默认的"视图"坐标系中，所有正交视口中的 x、y 和 z 轴都相同。使用该坐标系移动对象时，会相对于视口空间移动对象。

"屏幕"坐标系：将活动视口屏幕用作坐标系。

"世界"坐标系：使用世界坐标系。"世界"坐标系始终固定。世界轴显示关于世界坐标系的视口的当前方向，用户可以在每个视口的左下角找到它。

"父对象"坐标系：使用选定对象的父对象的坐标系。如果对象未链接至特定对象，则其为世界坐标系的子对象，其父坐标系与世界坐标系相同。

"局部"坐标系：使用选定对象的坐标系。对象的局部坐标系由其轴点支撑。使用层次命令面板上的选项，可以相对于对象调整局部坐标系的位置和方向。

"万向"坐标系：万向坐标系与 Euler XYZ 旋转控制器一同使用。它与局部坐标系类似，但其3 个旋转轴相互之间不一定垂直。

"栅格"坐标系：使用活动栅格的坐标系。

"工作"坐标系：使用工作轴坐标系。用户可以随时使用坐标系，无论工作轴处于活动状态与否。使用工作轴启用时，即为默认的坐标系。

"拾取"坐标系：使用场景中另一个对象的坐标系。

1.4 对象的选择方式

1.4.1 【操作目的】

为了方便用户，3ds Max 2014 提供了多种选择对象的方式。学会并熟练掌握使用各种选择方式，在制作中将会大大提高制作速度。

1.4.2 【操作步骤】

步骤 1 在工具栏中选择 （选择对象）工具。

步骤 2 在场景中选择需要编辑的对象，如图 1-38 所示。

1.4.3 【相关工具】

1. 选择物体的基本方法

图 1-38

选择物体的基本方法包括使用 （选择对象）直接选择和 （按名称选择），选择 （按名称选择）按钮后弹出"选择对象"对话框，如图 1-39 所示。

在该对话框中按住 Ctrl 键可选择多个对象，按住 Shift 键单击可选择连续范围。在对话框的右侧可以设置好对象以什么形式进行排序，也可指定显示在对象列表中的列出类型，包括"几何体"、"图形"、"灯光"、"摄影机"、"辅助对象"、"空间扭曲"、"组/集合"、"外部参考"和"骨骼"，对任何类型的勾选，在列表中将隐藏该类型。

在列表的下方提供"全部"、"无"、"反选"3 个按钮。

2. 区域选择

区域选择指选择工具配合工具栏中的选区工具 （矩形选择区域）、 （圆形选择区域）、 （围栏选择区域）、 （套索选择区域）和 （绘制选择区域）。

选择 （矩形选择区域）工具在视口中拖动，然后释放鼠标。单击的第一个位置是矩形的一个角，释放鼠标的位置是相对的角，如图 1-40 所示。

图 1-39

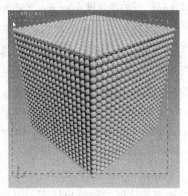

图 1-40

选择 （圆形选择区域）工具在视口中拖动，然后释放鼠标。首先单击的位置是圆形的圆心，释放鼠标的位置定义了圆的半径，如图 1-41 所示。

选择 （围栏选择区域）工具，拖动可绘制多边形，创建多边形选区。图 1-42 所示为双击创建的选区。

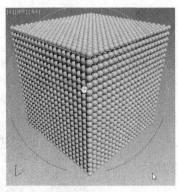

图 1-41

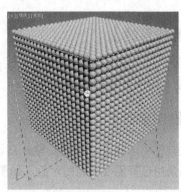

图 1-42

选择 （套索选择区域）工具，围绕应该选择的对象拖动鼠标以绘制图形，然后释放鼠标按钮。要取消该选择，请在释放鼠标前右键单击，松开鼠标确定选择区域，如图 1-43 所示。

选择 （绘制选择区域）工具，将鼠标拖至对象之上，然后释放鼠标。在进行拖放时，鼠标周围将会出现一个以画刷大小为半径的圆圈。根据绘制创建选区，如图 1-44 所示。

图 1-43

图 1-44

3. 编辑菜单选择

在"编辑"菜单中可以使用不同的选择方式对场景中的模型进行选择，如图 1-45 所示。

4. 物体编辑成组

在场景中选择需要成组的对象。在菜单栏中选择"组 > 成组"命令，弹出"组"对话框，如图 1-46 所示，重新命名组的名称。这样将选择的模型成组之后，可以对成组后的模型进行编辑。

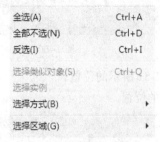

图 1-45

图 1-46

1.5 对象的变换

1.5.1 【操作目的】

对象的变换包括对象的移动、旋转和缩放，这 3 项操作几乎在每一次建模中都会用到，也是建模操作的基础，如图 1-47 所示。

1.5.2 【操作步骤】

步骤 1 在场景中创建切角长方体和切角圆柱体以及长方体，并在场景中对模型进行复制，如图 1-48 所示。

图 1-47

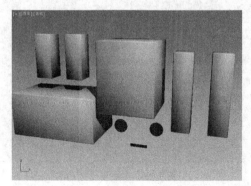

图 1-48

步骤 2 在工具栏中使用 ✛（选择并移动）工具，在场景中将如图 1-49 所示的切角长方体放置到较大的切角长方体下方。

步骤 3 在场景中使用 ✛（选择并移动）工具，将作为腿的切角长方体放置到如图 1-50 所示的位置。

中等职业教育数字艺术类规划教材

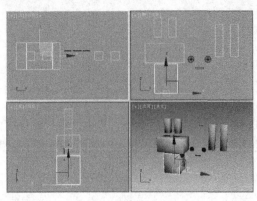

图 1-49

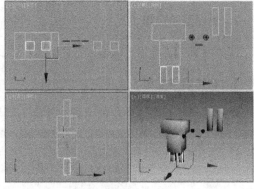

图 1-50

步骤 ④ 在场景中调整切角圆柱体和长方体到如图 1-51 所示的位置。

步骤 ⑤ 在场景中调整切角长方体到如图 1-52 所示的位置。

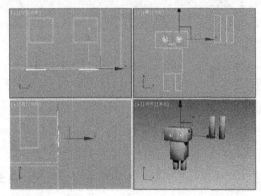

图 1-51

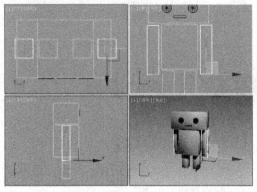

图 1-52

步骤 ⑥ 使用 ⭕（选择并旋转）工具，在场景中旋转右侧的切角长方体，如图 1-53 所示。

步骤 ⑦ 调整这个模型的位置，如图 1-54 所示。

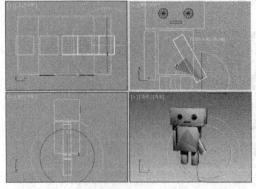

图 1-53

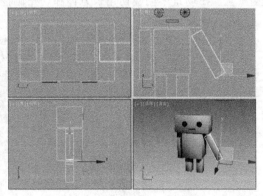

图 1-54

1.5.3 【相关工具】

1. 移动物体

移动工具是在三维制作过程中使用最为频繁的变换工具，用于选择并移动物体。✛（选择并移动）工具可以将选择的物体移动到任意一个位置，也可以将选择的物体精确定位到一个新的位置。移动工具有自身的模框，选择任意一个轴可以将移动限制在被选中的轴上，被选中的轴被加亮为黄色；选择任意一个平面，可以将移动限制在该平面上，被选中的平面被加亮为透明的黄色。

为了提高效果图的制作精度，可以使用键盘输入精确控制移动数量。用鼠标右键单击 （选择并移动）工具，打开"移动变换输入"对话框，如图 1-55 所示，在其中可精确控制移动数量，右边确定被选物体新位置的相对坐标值。使用这种方法进行移动，移动方向仍然要受到轴的限制。

图 1-55

2. 旋转物体

旋转模框是根据虚拟跟踪球的概念建立的，旋转模框的控制工具是一些圆，在任意一个圆上单击，再沿圆形拖动鼠标即可进行旋转，对于大于 360°的角度，可以不止旋转一圈。当圆旋转到虚拟跟踪球后面时将变得不可见，这样模框不会变得杂乱无章，更容易使用。

在旋转模框中，除了控制 x、y、z 轴方向的旋转外，还可以控制自由旋转和基于视图的旋转，在暗灰色圆的内部拖动鼠标可以自由旋转一个物体，就像真正旋转一个轨迹球一样（即自由模式）；在浅灰色的球外框拖动鼠标，可以在一个与视图视线垂直的平面上旋转一个物体（即屏幕模式）。

（选择并旋转）工具也可以进行精确旋转。使用方法与移动工具一样，只是对话框有所不同。

3. 缩放物体

缩放的模框中包括了限制平面，以及伸缩模框本身提供的缩放反馈。缩放变换按钮为弹出按钮，可提供 3 种类型的缩放，即等比例缩放、非等比例缩放和挤压缩放（即体积不变）。

旋转任意一个轴可将缩放限制在该轴的方向上，被限制的轴被加亮为黄色；旋转任意一个平面可将缩放限制在该平面上，被选中的平面被加亮为透明的黄色。选择中心区域可进行所有轴向的等比例缩放，在进行非等比例缩放时，缩放模框会在鼠标移动时拉伸和变形。

1.6 对象的复制

1.6.1 【操作目的】

有时在建模中要创建很多形状、性质相同的几何体，如果分别进行创建会浪费很多时间，这时可使用复制命令来完成这个工作。下面来介绍镜像复制模型，如图 1-56 所示。

1.6.2 【操作步骤】

步骤1 打开"场景>第 1 章>1.6 对象的复制 o.max"场景文件，如图 1-57 所示。

步骤2 在场景中选择如图 1-58 所示的模型，在菜单栏中选择"组>成组"命令，如图 1-58 所示，在弹出的对话框中使用默认的名称。

步骤3 成组模型后，激活"前"视图，在工具栏中单击 （镜像）按钮，在弹出的对话框中进行设置，如图 1-59 所示。

图 1-56

图 1-57

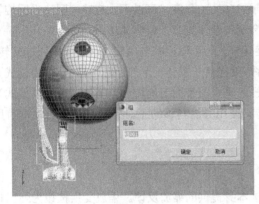

图 1-58

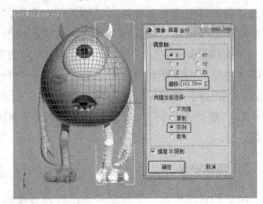

图 1-59

1.6.3 【相关工具】

1. 复制对象的方式

复制分为 3 种方式：复制、实例、参考，这 3 种方式主要是根据复制后原对象与复制对象的相互关系来分类的。

复制：复制后原对象与复制对象之间没有任何关系，是完全独立的对象，相互间没有任何影响。

实例：复制后原对象与复制对象相互关联，对其中任何一个对象进行编辑都会影响到复制的其他对象。

参考：复制后原对象与复制对象有一种参考的关系，对原对象进行修改器编辑时，复制对象会受同样的影响，但对复制对象进行修改器编辑时不会影响原对象。

2. 复制对象的操作

在场景中选择需要复制的模型，按 Ctrl+V 组合键，可以直接复制模型。利用变换工具是使用最多的复制方法，按住 Shift 键的同时利用移动、旋转、缩放工具拖动鼠标，即可将物体进行变换复制，释放鼠标，弹出"克隆选项"对话框，复制的类型有 3 种，即复制、实例和参考，如图 1-60 所示，从中选择复制对象的方式和"副本数"。

图 1-60

3. 镜像复制

当建模中需要创建两个对称的对象时，如果使用直接复制，对象间的距离很难控制，而且要使两对象相互对称，直接复制是办不到的，使用 （镜像）工具就能很简单地解决这个问题。

选择对象后，单击 （镜像）工具按钮，弹出"镜像：世界坐标"对话框，如图 1-61 所示。

镜像轴：用于设置镜像的轴向，系统提供了 6 种镜像轴向。

偏移：用于设置镜像对象和原始对象轴心点之间的距离。

克隆当前选择：用于确定镜像对象的复制类型。

不克隆：表示仅把原始对象镜像到新位置而不复制对象。

复制：把选定对象镜像复制到指定位置。

实例：把选定对象关联镜像复制到指定位置。

参考：把选定对象参考镜像复制到指定位置。

使用 （镜像）工具进行复制操作，首先应该熟悉轴向的设置，选择对象后单击 （镜像）工具，可以依次选择镜像轴，视图中的复制对象是随镜像对话框中镜像轴的改变实时显示的，选择合适的轴向后单击"确定"按钮即可，单击"取消"按钮则取消镜像。

图 1-61

4. 间隔复制

利用间距复制对象是一种快速而且比较随意的对象复制方法，它可以指定一条路径，使复制对象排列在指定的路径上。

5. 阵列复制

在菜单栏中选择"工具>阵列"命令，打开"阵列"对话框，如图 1-62 所示。

增量：参数控制阵列单个物体在 x、y、z 轴向上的移动、旋转、缩放间距，该栏参数一般不进行设置。

总计：该参数控制阵列物体在 x、y、z 轴向上的移动、旋转、缩放总量，这是常用的参数控制区，改变该栏中参数后，"间距或增量"栏中的参数将跟随改变。

对象类型：在该栏中设置复制的类型。

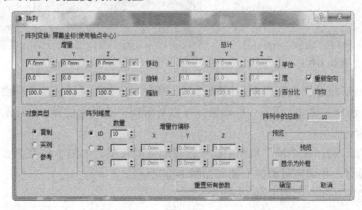

图 1-62

阵列维度：组中设置了 3 种维度的阵列。

重新定向：选中后旋转复制原始对象时，同时也对复制物体沿其自身的坐标系统进行旋转定向，使其在旋转轨迹上总保持相同的角度。

均匀：选中后缩放的数值框中将只有一个允许输入，这样可以保证对象只发生体积变化，而不发生变形。

预览：单击该按钮后可以将设置的阵列参数在视图中进行预览。

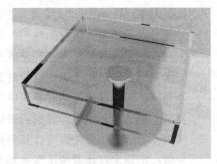

图 1-63

1.7 捕捉工具

1.7.1 【操作目的】

"捕捉工具"是功能很强的建模工具，熟练使用该工具可以极大地提高工作效率。图 1-63 所示为制作的茶几效果。

1.7.2 【操作步骤】

步骤 1 在工具栏中的按住 🔒（3D 捕捉）按钮，在弹出的按钮中选择 🔒（2.5D 捕捉）工具，鼠标右击该工具，在弹出的对话框中勾选如图 1-64 所示的选项。

步骤 2 在场景中创建"长方体"，设置合适的参数，如图 1-65 所示。

图 1-64

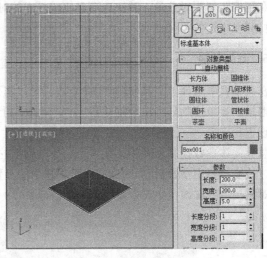

图 1-65

步骤 3 按 Ctrl+V 组合键复制模型，切换到 ✎（修改）命令面板，修改其参数，在"顶"视图中使用 ✛（选择并移动）工具，移动鼠标可以看到捕捉的顶点位置，松开鼠标即可捕捉到顶点，如图 1-66 所示。

步骤 4 按住 Shift 键，在"顶"视图中沿 y 轴移动复制模型，如图 1-67 所示。

步骤 5 复制模型，并调整模型的位置，如图 1-68 所示。

步骤 6 创建的茶几面，如图 1-69 所示。

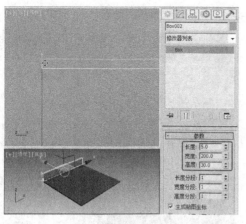

图 1-66

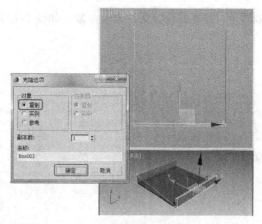

图 1-67

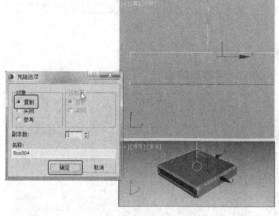

图 1-68

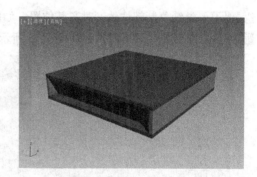

图 1-69

步骤 7 在场景中创建圆柱体，设置合适的参数，如图 1-70 所示。

步骤 8 在"顶"视图中选择圆柱体，在工具栏中单击 ▣ （对齐）工具，在场景中拾取茶几的面长方体，选择如图 1-71 所示的选项。

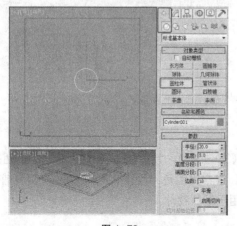

图 1-70

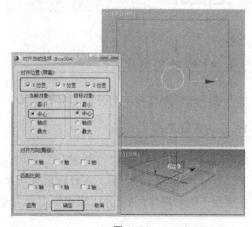

图 1-71

步骤 9 继续使用 ▣ （对齐）工具，在场景中拾取茶几底部的长方体，在弹出的对话框中选择如图 1-72 所示的选项。

边做边学——3ds Max 2014 **动画制作案例教程**

步骤 10 复制并设置圆柱体的参数，如图 1-73 所示。

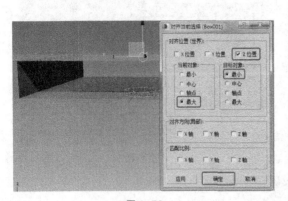

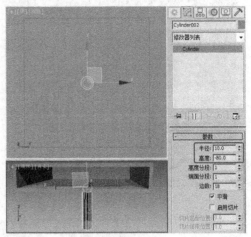

图 1-72　　　　　　　　　　图 1-73

步骤 11 继续复制圆柱体，对齐其位置，如图 1-74 所示。

步骤 12 修改圆柱体的参数，如图 1-75 所示完成茶几模型的制作。

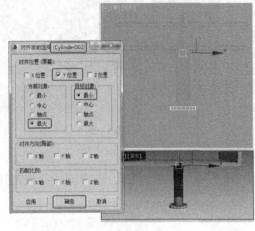

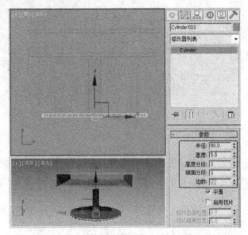

图 1-74　　　　　　　　　　图 1-75

1.7.3 【相关工具】

在上面的实例中可以延伸出以下的集中复制工具。

1. 三种捕捉工具

捕捉方式分为 3 类，即"位置捕捉"工具 （3D 捕捉）、"角度捕捉"工具 （角度捕捉切换）和"百分比捕捉"工具 （百分比捕捉切换）。最常用的是"位置捕捉"工具，"角度捕捉"工具主要用于旋转物体，"百分比捕捉"工具主要用于缩放物体。

2. 捕捉开关

 （捕捉开关）能够很好地在三维空间中锁定需要的位置，以便进行旋转、创建、编辑修改等操作。在创建和变换对象或子对象时，可以帮助制作者捕捉几何体的特定部分，同时还可以捕捉栅、切线、中点、轴心点、面中心等其他选项。

开启捕捉工具（关闭动画设置）后，旋转和缩放命令执行在捕捉点周围。例如，开启"顶点捕捉"对一个立方体进行旋转操作，在使用变换坐标中心的情况下，可以使用捕捉让物体围绕自身顶点进行旋转。当动画设置开启后，无论是旋转还是缩放命令，捕捉工具都无效，对象只能围绕自身轴心进行旋转或缩放。捕捉分为相对捕捉和绝对捕捉。

关于捕捉设置，系统提供了 3 个空间，包括二维、二点五维和三维，它们的按钮包含在一起，在其上按下鼠标左键不放，即可以进行切换旋转。在其按钮上按下鼠标右键，可以调出"栅格和捕捉设置"对话框，如图 1-76 所示，在捕捉类型对话框中可以选择捕捉的类型，还可以控制捕捉的灵敏度，这一点是比较重要的，如果捕捉到了对象，会以蓝色显示（这里可以更改）一个 15 像素的方格以及相应的线。

图 1-76

3. 角度捕捉

（角度捕捉切换）用于设置进行旋转操作时角度间隔，不打开角度捕捉对于细微调节有帮助，但对于整角度的旋转就很不方便了，而事实上我们经常要进行如 90°、180° 等整角度的旋转，这时打开角度捕捉按钮，系统会以 5° 作为角度的变换间隔进行调整角度的旋转。在其上按鼠标右键可以调"栅格与捕捉设置"对话框，在"选项"选项卡中，可以通过对"角度"值的设置，设置角度捕捉的间隔角度，如图 1-77 所示。

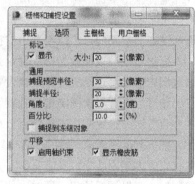

图 1-77

4. 百分比捕捉

（百分比捕捉切换）用于设置缩放或挤压操作时的百分比例间隔，如果不打开百分比例捕捉，系统会以 1%作为缩放的比例间隔，如果要求调整比例间隔，在其上单击鼠标右键，弹出的"栅格和捕捉设置"对话框，在"选项"选项卡中通过对"百分比"值的设置，放缩捕捉的比例间隔，默认设置为 10%。

5. 捕捉工具的参数设置

在 （3D 捕捉）上单击鼠标右键，打开"栅格和捕捉设置"对话框。下面对各选项卡中的选项进行说明。

◎ "捕捉"选项卡

"捕捉"选项卡如图 1-78 所示。

栅格点：捕捉到栅格交点。默认情况下，此捕捉类型处于启用状态。键盘快捷键为 Alt+F5。

栅格线：捕捉到栅格线上的任何点。

轴心：捕捉到对象的轴点。

边界框：捕捉到对象边界框的 8 个角中的一个。

图 1-78

垂足：捕捉到样条线上与上一个点相对的垂直点。

切点：捕捉到样条线上与上一个点相对的相切点。

顶点：捕捉到网格对象或可以转换为可编辑网格对象的顶点。捕捉到样条线上的分段。键盘快捷键为 Alt+F7。

端点：捕捉到网格边的端点或样条线的顶点。

边/线段：捕捉沿着边（可见或不可见）或样条线分段的任何位置。键盘快捷键为 Alt+F9。

中点：捕捉到网格边的中点和样条线分段的中点。键盘快捷键为 Alt+F8。

面：捕捉到曲面上的任何位置。已选择背面，因此它们无效。键盘快捷键为 Alt+F10。

中心面：捕捉到三角形面的中心。

◎ "选项"选项卡

"选项"选项卡如图 1-79 所示。

显示：切换捕捉指南的显示。禁用该选项后，捕捉仍然起作用，但不显示。

大小：以像素为单位设置捕捉"击中"点的大小。这是一个小图标，表示源或目标捕捉点。

捕捉预览半径：当光标与潜在捕捉到的点的距离在"捕捉预览半径"值和"捕捉半径"值之间时，捕捉标记跳到最近的潜在捕捉到的点，但不发生捕捉。默认设置是 30 像素。

捕捉半径：以像素为单位设置光标周围区域的大小，在该区域内捕捉将自动进行。默认设置为 20 像素。

角度：设置对象围绕指定轴旋转的增量（以度为单位）。

百分比：设置缩放变换的百分比增量。

图 1-79

捕捉到冻结对象：启用此选项后，启用捕捉到冻结对象。默认设置为禁用状态。该选项也位于"捕捉"快捷菜单中，按住 Shift 键的同时，用鼠标右键单击任何视口，可以进行访问，同时也位于捕捉工具栏中。键盘快捷键为 Alt+F2。

使用轴约束：约束选定对象，使其沿着在"轴约束"工具栏上指定的轴移动。禁用该选项后（默认设置），将忽略约束，并且可以将捕捉的对象平移为任何尺寸（假设使用 3D 捕捉）。该选项也位于"捕捉"快捷菜单中，按住 Shift 的同时用鼠标右键单击任何视口，可以进行访问，同时也位于捕捉工具栏中。键盘快捷键为 Alt+F3 或 Alt+D。

显示橡皮筋：当启用此选项并且移动一个选择时，在原始位置和鼠标位置之间显示橡皮筋线。当"显示橡皮筋"设置为启用时，使用该可视化辅助选项可使结果更精确。

◎ "主栅格"选项卡

"主栅格"选项卡如图 1-80 所示。

栅格间距：栅格间距是栅格的最小方形的大小。使用微调器可调整间距（使用当前单位），或直接输入值。

每 N 条栅格线有一条主线：主栅格的显示为更暗的或"主"线已标记栅格方形的组。使用微调器调整该值，调整主线之间的方形栅格数，或可以直接输入该值，最小为 2。

透视视图栅格范围：设置透视视图中的主栅格大小。

禁止低于栅格间距的栅格细分：当在主栅格上放大时，使用 3ds Max 将栅格视为一组固定的线。实际上，栅格在栅

图 1-80

格间距设置处停止。如果保持缩放，固定栅格将从视图中丢失，不影响缩小。当缩小时，主栅格不确定扩展以保持主栅格细分。默认设置为启用。

　　禁止透视视图栅格调整大小：当放大或缩小时，使用 3ds Max 将"透视"视口中的栅格视为一组固定的线。实际上，无论缩放多大多小，栅格将保持一个大小。默认设置为启用。

　　动态更新：默认情况下，当更改"栅格间距"和"每 N 条栅格线有一条主线"的值时，只更新活动视口。完成更改值之后，其他视口才进行更新。选择"所有视口"可在更改值时更新所有视口。

　　◎ **"用户栅格"选项卡**

　　"用户栅格"选项卡如图 1-81 所示。

　　创建栅格时将其激活：启用该选项可自动激活创建的栅格。

　　世界空间：将栅格与世界空间对齐。

　　对象空间：将栅格与对象空间对齐。

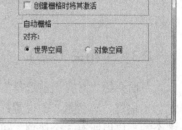

图 1-81

1.8 对齐工具

1.8.1 【操作目的】

　　前面制作茶几的时候我们已经用到了对齐工具，使用对齐工具可以将物体进行设置、方向和比例的对齐，还可以进行法线对齐、放置高光、对齐摄影机和对齐视图等操作。对齐工具有实时调节、实时显示效果的功能。

1.8.2 【操作步骤】

步骤 1　在场景中有长方体和球体，如图 1-82 所示，我们的目的就是将球体放置到长方体的上方中心处。

步骤 2　在场景中选择创建的球体，如图 1-83 所示。

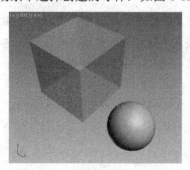
图 1-82

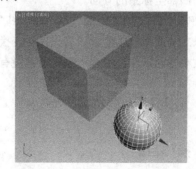
图 1-83

步骤 3　在工具栏中单击 （对齐）工具，在场景中拾取对齐目标，这里选择长方体，弹出如图 1-84 所示的对话框，从中勾选"X 位置、Y 位置"选项，在"当前对象"和"目标对象"组中分别选中"中心"和"中心"选项，单击"应用"按钮，将球体放置到长方体的中心。

步骤 4　勾选"Z 位置"选项，选中"当前对象"和"目标对象"组中的"最小"、"最大"单选项，单击"确定"按钮，如图 1-85 所示，将球体放置到长方体的上方。

边做边学——3ds Max 2014 动画制作案例教程

提 示 在对齐对话框中的轴向是根据窗口决定的，例如，在顶视图选择的物体对齐轴向与在前视图中选择的物体对齐轴向就不同。

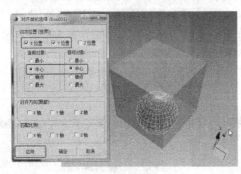

图 1-84

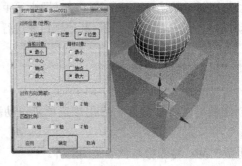

图 1-85

1.8.3 【相关工具】

下面介绍"对齐当前选择"对话框中各个选项的功能，如图 1-86 所示。

X 位置、Y 位置、Z 位置：指定要在其中执行对齐操作的一个或多个轴。启用所有 3 个选项，可以将当前对象移动到目标对象位置。

最小：将具有最小 x、y 和 z 值的对象边界框上的点与其他对象上选定的点对齐。

中心：将对象边界框的中心与其他对象上的选定点对齐。

轴点：将对象的轴点与其他对象上的选定点对齐。

最大：将具有最大 x、y 和 z 值的对象边界框上的点与其他对象上选定的点对齐。

图 1-86

"对齐方向（局部）"组：这些设置用于在轴的任意组合上匹配两个对象之间的局部坐标系的方向。

"匹配比例"组：使用"X 轴"、"Y 轴"和"Z 轴"选项，可匹配两个选定对象之间的缩放轴值。该操作仅对变换输入中显示的缩放值进行匹配。这不一定会导致两个对象的大小相同。如果两个对象先前都没有进行缩放，则其大小不会更改。

1.9 撤销和重做命令

1.9.1 【操作目的】

在制作模型中"撤销"和"重做"命令是最为常用的命令，所以需要我们熟练掌握。

1.9.2 【操作步骤】

要撤销最近一次操作，请执行以下操作。

单击 （撤销场景操作）按钮，选择"编辑 > 撤销"命令，或按 Ctrl+Z 快捷键。

要撤销若干个操作，请执行以下操作。

步骤 1 右击 （撤销场景操作）按钮。

步骤 2 在列表中选择需要返回的层级。必须连续选择，不能跳过列表中的项。

步骤 3 单击"撤销"按钮。

要重做一个操作，请执行下列操作之一。

单击 （重做场景操作）按钮，选择"编辑 > 重做"命令，或按 Ctrl+Y 快捷键。

要重做若干个操作，请执行以下操作。

步骤 1 右击 （重做场景操作）按钮。

步骤 2 在列表中单击要恢复到的操作。必须连续选择，不能跳过列表中的项。

步骤 3 单击"重做"按钮。

1.9.3 【相关工具】

撤销和重做可以使用工具栏的 （撤销场景操作）和 （重做场景操作）工具，也可以在"编辑"菜单中选择选项，这里就不再介绍了。

1.10 对象的轴心控制

1.10.1 【操作目的】

轴心点用来定义对象在旋转和缩放时的中心点，使用不同的轴心点会对变换操作产生不同的效果。对象的轴心控制包括 3 种方式："□（使用轴心点）、□（使用选择中心）和□（使用变换坐标中心），如图 1-87 所示。

1.10.2 【操作步骤】

步骤 1 在"前"视图中创建"文本"，设置合适的参数，如图 1-88 所示。

步骤 2 切换到 （修改）命令面板，在"修改器列表"中选择"挤出"修改器，设置"参数"卷展栏中的"数量"，如图 1-89 所示，参数合适即可。

图 1-87

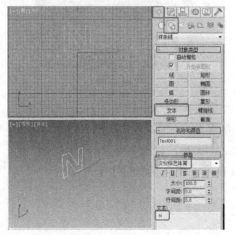

图 1-88

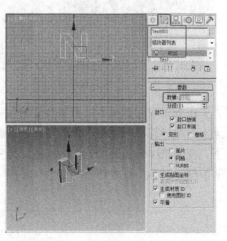

图 1-89

步骤 3 在工具栏中选择 (选择并旋转)工具，并选择 (使用变换坐标中心)工具，在场景中按住鼠标中轴移动模型，可以看到轴心的位置变换，轴心到如图 1-90 所示的位置即可。

步骤 4 激活 (角度捕捉切换)按钮，按住 Shift 键移动复制模型，在场景中旋转 90° 松开鼠标，在弹出的对话框中选择"复制"单选项，如图 1-91 所示。

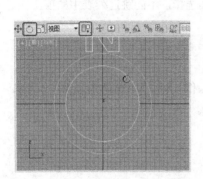

图 1-90

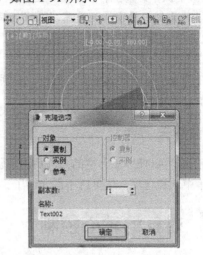

图 1-91

步骤 5 复制出模型后，在修改器堆栈中选择 Text，在"参数"卷展栏中修改文本即可，如图 1-92 所示。

步骤 6 使用同样的方法复制其他模型，如图 1-93 所示。

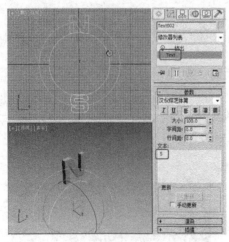

图 1-92

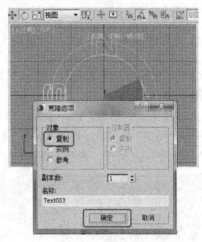

图 1-93

步骤 7 在场景中创建星形，设置合适的参数，如图 1-94 所示。

步骤 8 为星形施加"倒角"修改器，设置合适的参数，如图 1-95 所示。

步骤 9 在场景中创建圆柱体作为底座，设置合适的参数，如图 1-96 所示。

步骤 10 创建圆环，设置合适的参数，如图 1-97 所示，调整模型的位置。

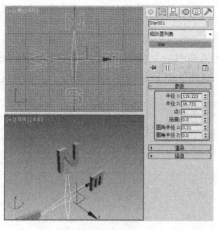

图 1-94

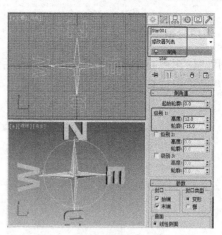

图 1-95

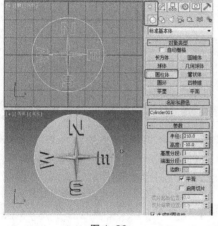

图 1-96

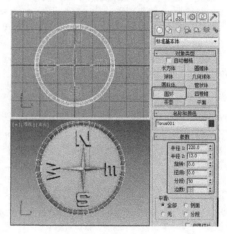

图 1-97

1.10.3 【相关工具】

1. 使用轴心点

使用"使用中心"弹出按钮中的 ![icon]（使用轴心点）按钮，可以围绕其各自的轴点旋转或缩放一个或多个对象。

 提 示 变换中心模式的设置基于逐个变换，因此请先选择变换，再选择中心模式。如果不希望更改中心设置，请启用"自定义 > 首选项"，从中选择"常规"选项卡中"参考坐标系 > 恒定"选项。

使用 ![icon]（使用轴心点）按钮应用旋转，可将每个对象围绕其自身局部轴进行旋转。

2. 使用选择中心

使用"使用中心"弹出按钮中的 ![icon]（使用选择中心）按钮，可以围绕其共同的几何中心旋转或缩放一个或多个对象。如果变换多个对象，该软件会计算所有对象的平均几何中心，并将此几何中心用作变换中心。

3. 使用变换坐标中心

使用"使用中心"弹出按钮中的 ▣ (使用变换坐标中心)按钮，可以围绕当前坐标系的中心旋转或缩放一个或多个对象。当使用"拾取"功能将其他对象指定为坐标系时，坐标中心是该对象轴的位置。

第2章 创建基本几何体

几何体是场景的可渲染几何体。在场景的搭建中几何体是最为常用的，可以通过拼凑几何体来完成各种模型效果。本章将通过实例的方式来学习一些常用的几何体的创建，并详细介绍几何体参数的设置。读者通过对本章的学习，可以掌握创建基本几何体的方法，并能够创建一些简单的模型。

 课堂学习目标

- 创建基本几何体
- 创建扩展几何体
- 利用几何体搭建模型

2.1 边几

2.1.1 【案例分析】

边几是放置在沙发、电视柜或进门处的储物装饰构件。作为室内效果图中的装饰家居模型，边几的作用是储物与装饰，可以在边几上放置台灯、花盆或装修品。

2.1.2 【设计理念】

边几的制作主要使用长方体工具，通过对长方体的参数修改和对长方体的复制完成边几的组合。（最终效果参看光盘中的"场景>第 2 章>2.1 边几.max"，见图 2-1。）

2.1.3 【操作步骤】

步骤 1 选择" （创建）> （几何体）>长方体"工具，在"顶"视图中创建长方体，在"参数"卷展栏中设置"长度"为 200、"宽度"为 200、"高度"为 60，如图 2-2 所示。

步骤 2 按 Ctrl+V 组合键，在弹出的对话框中选择"复制"选项，单击"确定"按钮，如图 2-3 所示。

图 2-1

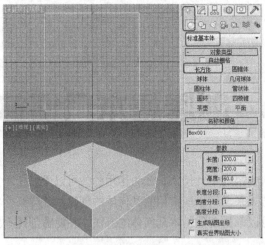

图 2-2

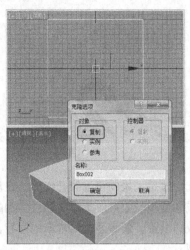

图 2-3

步骤 3 切换到 ⟍ （修改）命令面板，在"参数"卷展栏中修改长方体的"长度"为 210、"宽度"为 210、"高度"为-10，如图 2-4 所示。

步骤 4 在场景中选择复制出的长方体，在工具栏中单击 ⟍ （对齐）按钮，在场景中拾取第一个长方体，在弹出的对话框中选择"X 位置、Y 位置、Z 位置"，并选择"当前对象"和"目标对象"组中的"中心"，单击"确定"按钮，如图 2-5 所示。

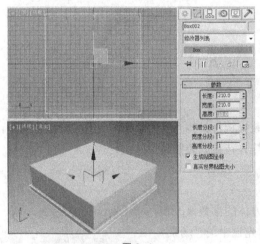

图 2-4

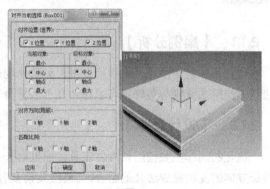

图 2-5

步骤 5 继续复制出长方体，修改其"长度"为 210、"宽度"为 210、"高度"为-15，如图 2-6 所示，在场景中使用 ⊹ （选择并移动）工具调整模型的位置。

步骤 6 复制出作为腿的长方体，在"参数"卷展栏中设置"长度"为 20、"宽度"为 20、"高度"为 300，如图 2-7 所示，在场景中使用 ⊹ （选择并移动）工具调整模型的位置。

步骤 7 调整模型的位置，并对模型进行复制，如图 2-8 所示。

步骤 8 使用同样的方法复制模型，修改器参数作为腿的支架模型，如图 2-9 所示。

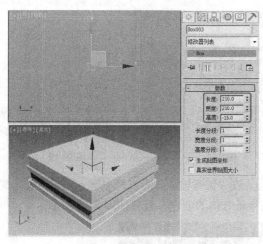

图 2-6

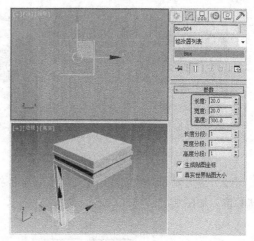

图 2-7

图 2-8

图 2-9

提 示 最终场景是需要为其创建材质灯光和摄影机的，还需要为场景添加地面、墙体等其他的装饰物品，可以参考随书附带的场景文件，这里就不详细介绍了。

2.1.4 【相关工具】

"长方体"工具

对于室内外效果图来说，"长方体"是在建模创建过程中使用非常频繁的模型，通过修改该模型可以得到大部分模型。

创建长方体的方法有以下两种。

（1）鼠标拖曳创建。选择" （创建）＞ （几何体）＞长方体"工具，在视图中任意位置按住鼠标左键拖动出一个矩形面，如图 2-10 所示。松开鼠标左键，再次拖动鼠标设置出长方体的高度，如图 2-11 所示。这是最常用的创建方法。

使用鼠标创建长方体，其参数不可能一次创建正确，此时可以在"参数"卷展栏中进行修改，如图 2-12 所示。

中等职业教育数字艺术类规划教材

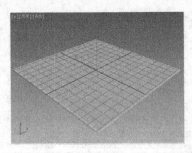
图 2-10

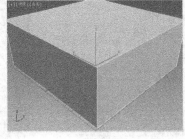
图 2-11

图 2-12

（2）键盘输入参数创建。单击"长方体"按钮，在"键盘输入"卷展栏中输入长方体长、宽、高的值，如图 2-13 所示。单击"创建"按钮，结束长方体的创建，效果如图 2-14 所示。

图 2-13

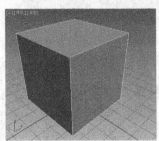
图 2-14

2.1.5 【实战演练】床凳

使用长方体创建床凳支架，创建切角长方体作为凳子面。（最终效果参看光盘中的"场景>第 2 章>2.1.5 床凳.max"，见图 2-15。）

图 2-15

2.2 花箱

2.2.1 【案例分析】

为了满足道路景观的需求一般景点和广场上都放置有花箱。花箱是户外的装饰构件，用于盛放鲜花，美化环境。

2.2.2 【设计理念】

创建切角圆柱体，并为切角圆柱体进行旋转、移动和复制操作，完成花箱模型的制作。（最终效果参看光盘中的"场景>第 2 章>2.2 花箱.max"，见图 2-16。）

2.2.3 【操作步骤】

步骤 `1` 选择"⬚ (创建)>◯ (几何体)>扩展基本体>切角圆柱体"工具,在"前"视图中创建切角圆柱体,在"参数"卷展栏中设置"半径"为 25、"高度"为 500、"圆角"为 2、"高度分段"为 1、"圆角分段"为 2、"边数"为 25,如图 2-17 所示。

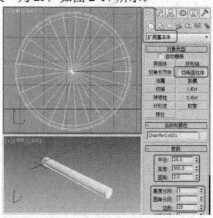

图 2-16　　　　　　　　　　　　　　　图 2-17

步骤 `2` 在工具栏中激活🔒 (角度捕捉切换)工具,使用◯ (选择并旋转)工具,按住 Shift 键旋转复制模型,如图 2-18 所示。

步骤 `3` 使用同样的方法旋转复制其他的模型,如图 2-19 所示。

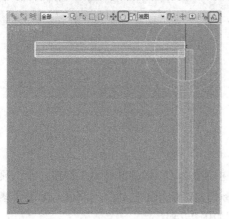

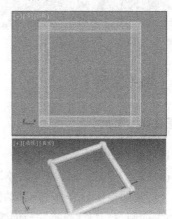

图 2-18　　　　　　　　　　　　　　　图 2-19

步骤 `4` 选择"⬚ (创建)>◯ (几何体)>扩展基本体>切角圆柱体"工具,在"顶"视图中创建切角圆柱体,在"参数"卷展栏中设置"半径"为 23、"高度"为-500、"圆角"为 2、"高度分段"为 1、"圆角分段"为 2、"边数"为 25,如图 2-20 所示。

步骤 `5` 使用✛ (选择并移动)工具,在前视图中移动复制模型,在复制模型时以实例的方式进行复制,复制完成后,旋转两侧的切角圆柱体。切换到▨ (修改)命令面板,单击 ☱ (使唯一)按钮,如图 2-21 所示,单击"是"按钮。

步骤 `6` 接着修改中间的圆柱体的高度,如图 2-22 所示。中间关联的切角圆柱体更改了高度,而没有影响两侧的切角圆柱体。

步骤 `7` 对模型进行复制并组合,完成如图 2-23 所示的花箱模型。

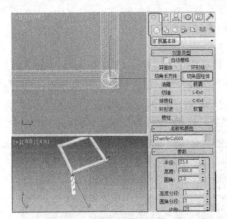

图 2-20

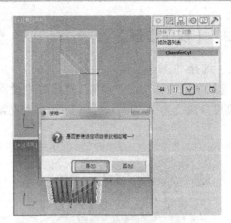

图 2-21

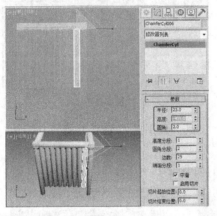

图 2-22

图 2-23

2.2.4 【相关工具】

"切角圆柱体"工具

创建圆柱体的方法如下。

（1）单击"（创建）>（几何体）>扩展基本体>切角圆柱体"按钮，在"顶"视图中拖动鼠标创建"切角圆柱体"的半径，移动鼠标创建"切角圆柱体"的高度，单击并移动鼠标设置"切角圆柱体"的圆角，再次单击完成创建，如图 2-24 所示。

（2）在"参数"卷展栏中设置合适的参数，如图 2-25 所示。

图 2-24

图 2-25

2.2.5　【实战演练】双人沙发

使用"切角长方体"制作沙发的框架，创建"切角圆柱体"和"圆柱体"相结合制作沙发的腿。（最终效果参看光盘中的"场景>第 2 章>2.2.5 双人沙发.max"，见图 2-26。）

图 2-26

2.3 ／ 草地

2.3.1　【案例分析】

草地是多年生长的草本植物，可供放养和饲养牲畜，而在一般城市中草地则是公园或景区中的绿化带装饰。

2.3.2　【设计理念】

本案例介绍打开草地场景，将草地模型转换为代理网格模型，将操作转换为虚拟对象，这样可以减少效果图模型中由于植物装饰模型所造成的点线面过大的问题。（最终效果参看光盘中的"场景>第 2 章>2.3 草地.max"，见图 2-27。）

图 2-27

2.3.3　【操作步骤】

步骤 1　单击 按钮，在弹出的菜单中选择"打开"命令，在弹出的对话框中选择光盘中的"场景>第 2 章>2.3 草素材.max"，如图 2-28 所示。

步骤 2　在工具栏中单击 （渲染设置）按钮，在弹出的对话框中单击"指定渲染器"卷展栏中的"产品级"后的 （选择产品级）按钮，在弹出的对话框中选择"V-Ray Adv"渲染器，如图 2-29 所示。

图 2-28

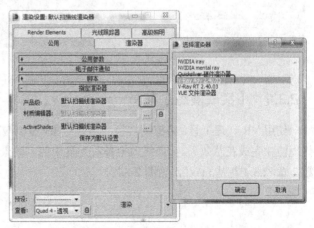

图 2-29

步骤 3　在场景中选择草地模型，鼠标右击模型，在弹出的快捷菜单中选择"V-Ray 网格导出"

命令，如图 2-30 所示。

步骤 4 在弹出的对话框中选择一个合适的导出路径设置"预览面数"为 100，单击"确定"按钮，如图 2-31 所示。

图 2-30

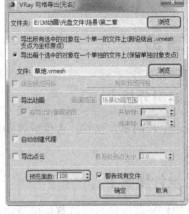

图 2-31

步骤 5 单击 按钮，在弹出的菜单中选择"重置"命令，重置一个新的场景。单击" （创建）> （几何体）>VRay>VR 代理"按钮，在场景中单击弹出"选择外部网格文件"对话框，从中选择存储的草地网格，如图 2-32 所示。

步骤 6 创建 VR 代理模型后，复制模型，如图 2-33 所示。

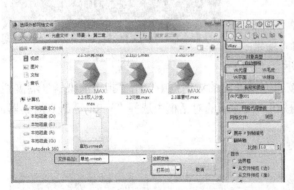

图 2-32

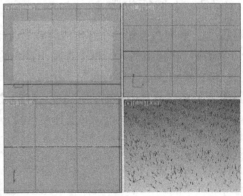

图 2-33

2.3.4 【实战演练】花丛

使用 VR 代理工具，将植物转换为虚拟对象，复制 VR 代理植物完成花丛效果。（最终效果参看光盘中的"场景>第 2 章>2.3.4 花丛.max"，见图 2-34。）

图 2-34

2.4　综合演练——鸡蛋的制作

使用"球体"模拟鸡蛋模型，通过结合使用了"锥化"修改器和缩放工具完成鸡蛋的模型。（最终效果参看光盘中的"场景>第 2 章>2.4 鸡蛋.max"，见图 2-35。）

图 2-35

2.5　综合演练——铅笔的制作

创建圆柱体，并调整圆柱体的参数和位置，对圆柱体进行复制，完成铅笔的制作。（最终效果参看光盘中的"场景>第 2 章>2.5 铅笔的制作.max"，见图 2-36。）

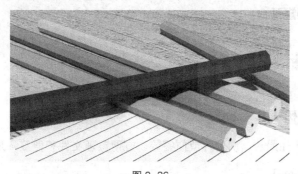

图 2-36

第3章 二维图形的创建

在 3ds Max 中，二维图形的用处非常广泛，样条线可以方便地转换为 NURBS 曲线。图形是一种矢量图形，可以由其他的绘制软件产生，如 Photoshop、Freehand、CorelDRAW、AutoCAD等，将所创建的矢量图形以 AI 或 DWG 格式存储后直接导入到 3ds Max 中。

样条线图形可以作为平面和线条对象、作为"挤出""车削"或"倒角"等加工成型的截面图形，还可以作为"放样"对象使用的图形等。

本章将介绍二维图形的创建和参数的修改方法。读者通过本章的学习，可以掌握创建二维图形的方法和技巧，并能绘制出符合实际需要的二维图形。

 课堂学习目标

- 创建二维图形
- 图形的编辑和修改

3.1　曲别针

3.1.1　【案例分析】

曲别针可以用来夹住照片、明信片或便签等，方便整理文件和便签，是归档的好帮手。

3.1.2　【设计理念】

本案例介绍创建图形，并对图形进行修改，完成曲别针的效果。（最终效果参看光盘中的"场景>第 3 章>3.1 曲别针.max"，见图 3-1。）

3.1.3　【操作步骤】

步骤 **1**　选择"　（创建）>　（图形）>线"工具，在"顶"视图中创建样条线，在"渲染"卷展栏中勾选"在渲染中启用"和"在视口中启用"选项，设置"厚度"为4，如图 3-2 所示。

步骤 **2**　切换到　（修改）命令面板，在堆栈中将选择集定义为"顶点"，按 Ctrl+A 组合键，全选顶点，如图 3-3 所示。

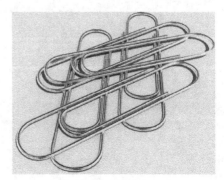

图 3-1

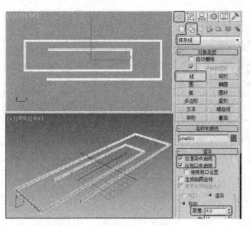

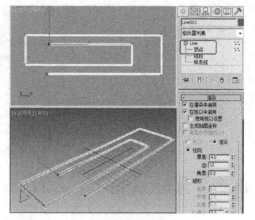

图 3-2   图 3-3

步骤 3 全选顶点后，单击鼠标右键，在弹出的快捷菜单中选择"Bezier 角点"顶点类型，如图 3-4 所示。

步骤 4 将顶点转换为 Bezier 角点后，顶点即可显示控制手柄，如图 3-5 所示。

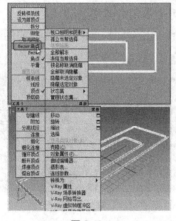

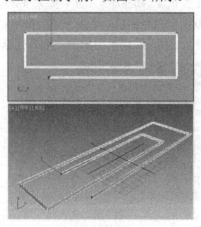

图 3-4   图 3-5

步骤 5 调整控制手柄，如图 3-6 所示，调整出图形的形状。

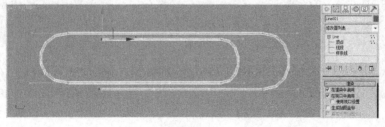

图 3-6

步骤 6 想要图形平滑可以调整"插值"卷展栏中的"步数"，步数越高图形越平滑，如图 3-7 所示。

提 示 　根据场景的情况，可以灵活使用渲染的厚度，这里效果图中的图形渲染厚度为 6~7 之间，灵活使用参数即可。

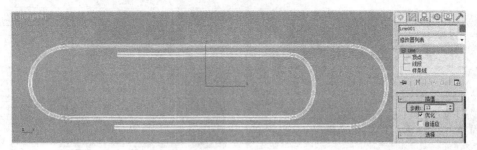

图 3-7

3.1.4 【相关工具】

"线"工具

◎ **创建样样条线**

选择"　　（创建）>　　（图形）>线"工具，在场景中单击创建一点，如图 3-8 所示，移动鼠标单击创建第二个点，如图 3-9 所示，如果要创建闭合图形，可以移动鼠标到第一个顶点上单击，弹出如图 3-10 所示的对话框，单击"是"按钮，即可创建闭合的样条线。

选择"线"工具，在场景中单击并拖动鼠标，绘制出的就是一条弧形线，如图 3-11 所示。

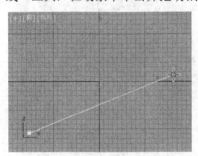

图 3-8

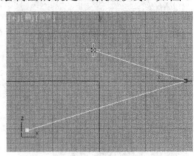

图 3-9

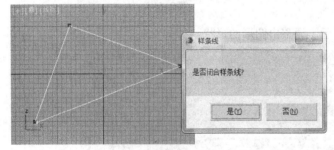

图 3-10

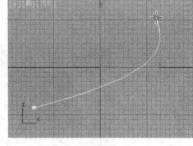

图 3-11

◎ **通过修改面板修改图形的形状**

使用"线"工具创建了闭合图形后，切换到　　（修改）命令面板，将当前选择集定义为"顶点"，通过顶点可以改变图形的形状，如图 3-12 所示。

在选择的顶点上单击鼠标右键，弹出如图 3-13 所示的快捷菜单，从中可以选择顶点的调节方式。

选择"Bezzier 角点"如图 3-14 所示，"Bezzier 角点"有两个控制手柄，可以分别调整两个控制手柄来调整两边线段的弧度，如图 3-14 所示。

| 图 3-12 | 图 3-13 | 图 3-14 |

如图 3-15 所示，选择 Bezzier；Bezzier 同样也有两个控制手柄，不过这两个控制手柄是相互关联的。

如图 3-16 所示，选择"平滑"选项。

提　示　调整图形的形状后，图形不是很平滑，可以在"差值"卷展栏中设置"步数"来设置图形的平滑。

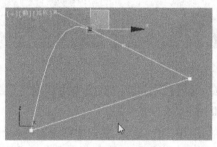

图 3-15

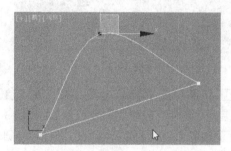

图 3-16

3.1.5　【实战演练】红酒架

创建可渲染的样条线，并调整样条线的形状对样条线进行复制，创建球体作为装饰，完成红酒架的制作。（最终效果参看光盘中的"场景>第 3 章>3.1.5 红酒架.max"，见图 3-17。）

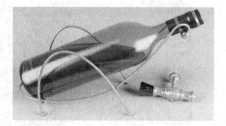

图 3-17

3.2 ／ 网漏

3.2.1　【案例分析】

网漏是厨房用到的一种做饭的工具，用于沥水、沥油等，是厨房中必不可少的工具。

3.2.2　【设计理念】

网漏主要使用可渲染的螺旋线和线模拟金属漏和支架，使用切角圆柱体作为网漏的把手。（最终效果参看光盘中的"场景>第 3 章>3.2 网漏.max"，见图 3-18。）

3.2.3 【操作步骤】

步骤 1　单击"　（创建）>　（图形）>螺旋线"按钮，在"顶"视图中通过单击拖动绘制如图 3-19 所示的螺旋线，在"参数"卷展栏中设置"半径 1"为 0、"半径 2"为 130、"高度"为 85、"圈数"为 50、"偏移"为-0.14。

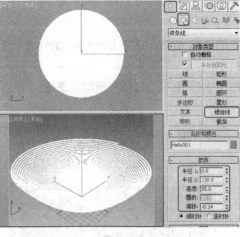

图 3-18　　　　　　　　　　　　　　图 3-19

步骤 2　切换到　（修改）命令面板，在"渲染"卷展栏中勾选"在渲染中启用"和"在视口中启用"选项，设置"厚度"为 2，如图 3-20 所示。

步骤 3　选择"　（创建）>　（几何体）>圆环"按钮，在"顶"视图中创建圆环，在"参数"卷展栏中设置"半径 1"为 130、"半径 2"为 3、"旋转"为 0、"扭曲"为 0、"分段"为 40、"边数"为 12，如图 3-21 所示。

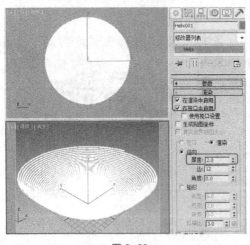

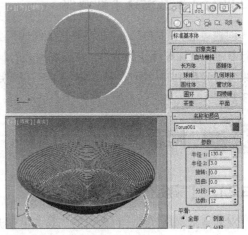

图 3-20　　　　　　　　　　　　　　图 3-21

步骤 4　继续在"顶"视图中创建可渲染的样条线，设置合适的渲染"厚度"，如图 3-22 所示。

步骤 5　激活"顶"视图，在工具栏中单击　（镜像）按钮，在弹出的对话框中选择"镜像轴"为 Y，设置合适的"偏移"参数，选择"克隆当前选择"中的"复制"选项，单击"确定"按钮，如图 3-23 所示。

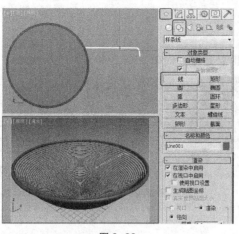

图 3-22

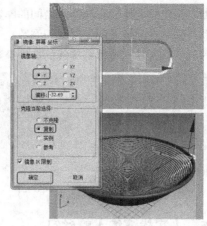

图 3-23

步骤 6 选择"（创建）>（几何体）>扩展基本体>切角圆柱体"按钮，在"左"视图中创建切角圆柱体，在"参数"卷展栏中设置"半径"为 15、"高度"为 260、"圆角"为 3、"边数"为 20，如图 3-24 所示。

步骤 7 组合模型，完成网漏的制作，如图 3-25 所示。

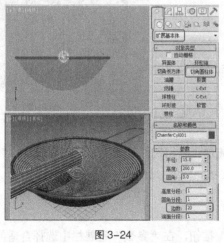

图 3-24

图 3-25

3.2.4 【相关工具】

"螺旋线"工具

单击"（创建）>（图形）>螺旋线"按钮，在"顶"视图中拖动鼠标确定螺旋线的半径，如图 3-26 所示。松开鼠标，移动鼠标设置螺旋线的高度，如图 3-27 所示。单击移动鼠标设置螺旋线的半径 2，创建螺旋线，如图 3-28 所示。在"参数"卷展栏中设置合适的参数，如图 3-29 所示。

"参数"卷展栏中的选项功能介绍如下。

半径 1：指定螺旋线的起点半径。

半径 2：指定螺旋线的终点半径。

高度：指定螺旋线的高度。

圈数：指定螺旋线起点和终点之间的圈数。

偏移：强制在螺旋线的一端累积圈数。

顺时针、逆时针：设置螺旋线的旋转是顺时针还是逆时针。

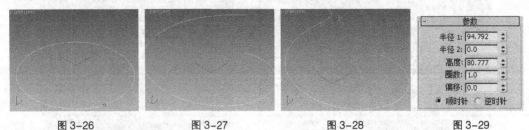

图 3-26　　　　　图 3-27　　　　　图 3-28　　　　　图 3-29

3.2.5 【实战演练】螺丝钉

通过创建多边形和可渲染的螺旋线，结合使用"倒角"修改器和圆柱体进行组合来完成螺丝钉模型的创建。（最终效果参看光盘中的"场景>第 3 章>3.2.5 螺丝钉.max"，见图 3-30。）

3.3　3D 文字

3.3.1 【案例分析】

3D 文字一般作为广告标语，也可以作为标题动画，用处相当广泛。

图 3-30

3.3.2 【设计理念】

创建文本图形，设置合适的参数，并为文本施加"挤出"修改器，即可完成 3D 文字的制作。（最终效果参看光盘中的"场景>第 3 章>3.3 3D 文字.max"，见图 3-31。）

3.3.3 【操作步骤】

步骤 1　单击"（创建）>（图形）>文本"按钮，在"参数"卷展栏中选择合适的字体并设置合适的"大小"，在"文本"下的文本框中输入文本，在"顶"视图中单击创建文本，如图 3-32 所示。

图 3-31

图 3-32

步骤 2　切换到（修改）命令面板，在"修改器列表"中选择"挤出"修改器，在"参数"

卷展栏中设置"数量"为 22，如图 3-33 所示。

步骤 3 复制文本模型，并在堆栈中返回到 Text 中，在"文本"下输入需要的文本即可，然后返回到"挤出"堆栈中，如图 3-34 所示。

图 3-33

图 3-34

3.3.4 【相关工具】

"文本"工具

单击" （创建）> （图形）>文本"按钮，在场景中单击鼠标创建文本，在"参数"卷展栏中设置文本参数，如图 3-35 所示。

图 3-35

宋体 字体下拉列表框：用于选择文本的字体。

I 按钮：设置斜体字体。

U 按钮：设置下划线。

按钮：向左对齐。

按钮：居中对齐。

按钮：向右对齐。

按钮：两端对齐。

大小：用于设置文字的大小。

字间距：用于设置文字之间的间隔距离。

行间距：用于设置文字行与行之间的距离。

文本：用于输入文本内容，同时也可以进行改动。

更新：用于设置修改完文本内容后，视图是否立刻进行更新显示。当文本内容非常复杂时，系统可能很难完成自动更新，此时可选择手动更新方式。

手动更新：用于进行手动更新视图。当选择该复选框时，只有当单击"更新"按钮后，文本输入框中当前的内容才会显示在视图中。

3.3.5 【实战演练】五角星

创建"星形"图形，设置合适的参数，并为星形施加"倒角"修改器，完成五角星的制作。（最终效果参看光盘中的"场景>第3章>3.3.5 五角星.max"，见图 3-36。）

图 3-36

3.4 综合演练——毛巾架的制作

创建可渲染的样条线来制作支架，创建椭圆并施加"倒角"修改器，结合使用"布尔"工具完成毛巾架的制作。（最终效果参看光盘中的"场景>第3章>3.4 毛巾架.max"，见图 3-37。）

图 3-37

3.5 综合演练——文件架的制作

创建可渲染的样条线，通过组合调整完成文件架的制作。（最终效果参看光盘中的"场景>第 3 章>3.5 文件架.max"，见图 3-38。）

图 3-38

第4章 三维模型的创建

现实中的物体造型是千变万化的，很多模型都需要对创建的基本几何体或图形修改后才能达到理想的状态。3ds Max 提供了很多三维修改命令，通过这些修改命令可以创建几乎所有模型。

 课堂学习目标

- 了解二维图形转换为三维模型的常用修改器
- 掌握常用的编辑三维模型的修改器

4.1 酒杯

4.1.1 【案例分析】

酒杯是用来饮酒的器皿，本案例介绍的是一种葡萄酒酒杯，或者称之为高脚杯，事实上高脚杯属于葡萄酒酒杯的一种。在西方的传统文化中，酒杯是葡萄酒文化中不可缺少的一个重要环节，选择好酒杯能帮助人们更好地品味美酒。

4.1.2 【设计理念】

酒杯的制作主要是创建图形，为图形施加"车削"修改器，完成酒杯的制作效果。（最终效果参看光盘中的"场景>第 4 章>4.1 酒杯.max"，见图 4-1。）

4.1.3 【操作步骤】

步骤 1 选择"■（创建）>■（图形）>线"工具，在"前"视图中创建闭合的样条线，如图 4-2 所示。

步骤 2 切换到■（修改）命令面板，将选择集定义为"顶点"，在视图中单击鼠标右键，在弹出的快捷菜单中选择"Bezier 角点"，如图 4-3 所示。

步骤 3 在场景中调整图形的形状，如图 4-4 所示。

步骤 4 关闭选择集，在"修改器列表"中选择"车削"修改器，在"参数"卷展栏中设置"度数"为 360，如图 4-5 所示。

步骤 5 在"方向"组中选择"Y"轴按钮，单击"对齐"组中的"最小"按钮，如图 4-6 所示。

中
等
职
业
教
育
数
字
艺
术
类
规
划
教
材

图 4-1

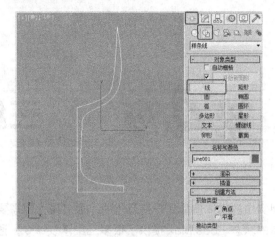

图 4-2

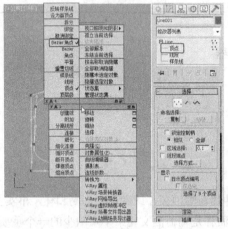

图 4-3

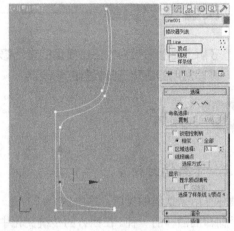

图 4-4

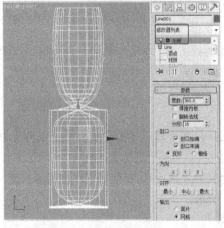

图 4-5

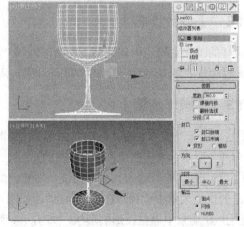

图 4-6

步骤 6 在修改器堆栈中选择"Line",将选择集定义为"顶点",还可以返回到层级面板堆模型的原始图形进行调整,如图 4-7 所示。

步骤 7 车削出的模型棱角太多,接下来我们将设置模型的平滑参数。关闭选择集,在"插值"卷展栏中设置"步数"为 50,如图 4-8 所示。

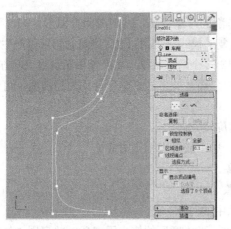

图 4-7　　　　　　　　　　　　　　　　图 4-8

步骤 8 回到"车削"修改器，在"参数"卷展栏中勾选"焊接内核"选项，设置"分段"为 50，如图 4-9 所示。

步骤 9 使用同样的方法创建红酒模型，如图 4-10 所示。

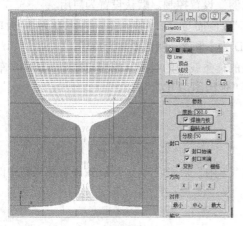

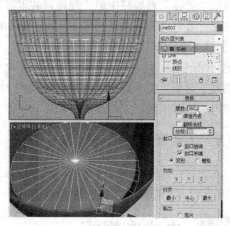

图 4-9　　　　　　　　　　　　　　　　图 4-10

4.1.4　【相关工具】

"车削"修改器

车削通过绕轴旋转一个图形或 NURBS 曲线来创建二维对象。图 4-11 所示为车削"参数"卷展栏。

度数：确定对象绕轴旋转多少度（范围是从 0～360，默认值是 360）。

焊接内核：通过将旋转轴中的顶点焊接来简化网格。如果要创建一个变形目标，禁用此选项。

翻转法线：依赖图形上顶点的方向和旋转方向，旋转对象可能会内部外翻。切换"翻转法线"复选框来修正它。

分段：在起始点之间，确定在曲面上创建多少插值线段。

封口始端：封口设置的"度"小于 360° 的车削对象的始点，并形成闭合图形。

图 4-11

封口末端：封口设置的"度"小于 360°的车削的对象终点，并形成闭合图形。

变形：按照创建变形目标所需的可预见且可重复的模式排列封口面。渐进封口可以产生细长的面，而不像栅格封口需要渲染或变形。如果要车削出多个渐进目标，主要使用渐进封口的方法。

栅格：在图形边界上的方形修剪栅格中安排封口面。此方法产生尺寸均匀的曲面，可使用其他修改器容易地将这些曲面变形。

"X、Y、Z"按钮：相对对象轴点，设置轴的旋转方向。

最小、居中、最大：将旋转轴与图形的最小、居中或最大范围对齐。

面片：产生一个可以折叠到面片对象中的对象。

网格：产生一个可以折叠到网格对象中的对象。

NURBS：产生一个可以折叠到 NURBS 对象中的对象。

生成贴图坐标：将贴图坐标应用到车削对象中。当"度"的值小于 360，并启用"生成贴图坐标"时，启用此选项时，将另外的图坐标应用到末端封口中，并在每一封口上放置一个 1×1 的平铺图案。

真实世界贴图大小：控制应用于该对象的纹理贴图材质所使用的缩放方法。缩放值由位于应用材质的"坐标"卷展栏中的"使用真实世界比例"设置控制。默认设置为启用。

生成材质 ID：将不同的材质 ID 指定给车削对象侧面与封口。特别是，侧面 ID 为 3，封口（当"度"的值小于 360 且车削对象是闭合图形时）ID 为 1 和 2。默认设置为启用。

使用图形 ID：将材质 ID 指定给在车削产生的样条线中的线段，或指定给在 NURBS 车削产生的曲线子对象。仅当启用"生成材质 ID"时，"使用图形 ID"可用。

平滑：给车削图形应用平滑。

4.1.5 【实战演练】瓷瓶

瓷瓶的制作主要是创建样条线，并为其施加"车削"来完成的。（最终效果参看光盘中的"场景>第 4 章>4.1.5 瓷瓶.max"，见图 4-12。）

4.2 中式电视柜

4.2.1 【案例分析】

电视柜是家具中的一个种类，也称为视听柜，主要用摆放电视，也是有关电视素材和构件的储物柜。

4.2.2 【设计理念】

本案例介绍使用"线、矩形"工具，结合使用"倒角"修改器制作中式电视柜模型。（最终效果参看光盘中的"场景>第 4 章>4.2 中式电视柜.max"，见图 4-13。）

图 4-12

4.2.3 【操作步骤】

步骤 1 单击" （创建）> （图形）>线"按钮，在"前"视图中创建图形。切换到 （修改）命令面板，将选择集定义为"顶点"，调整图形的形状，如图 4-14 所示。

图 4-13

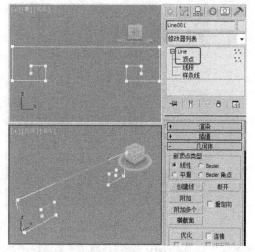

图 4-14

步骤 2 将线的选择集定义为"样条线",在"几何体"卷展栏中设置"轮廓"为-3.5,按 Enter 键确定轮廓,如图 4-15 所示。

步骤 3 将选择集定义为"顶点",使用"优化"按钮在"前"视图中添加顶点,调整顶点的 Bezier,如图 4-16 所示。

 提 示 在模型操作过程中如果打开了某个修改按钮,用完之后要关闭按钮的选择,以便后面的操作无误;同样,使用的选择集也需要关闭,便于后面的操作。

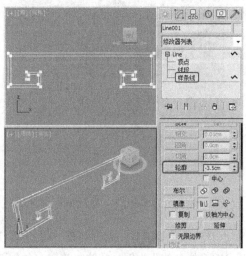

图 4-15

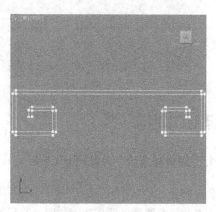

图 4-16

步骤 4 继续在"前"视图中调整顶点,如图 4-17 所示。

步骤 5 单击" （创建）> （图形）>矩形"按钮,在"前"视图中创建矩形。在"参数"卷展栏中设置"长度"为 3.5、"宽度"为 111,调整图形至合适的位置,如图 4-18 所示。

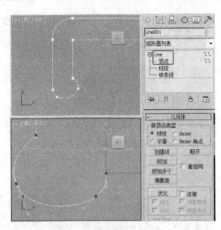

图 4-17

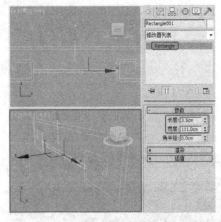

图 4-18

步骤 6 选择线 001，在"几何体"卷展栏中单击"附加"按钮，在场景中附加矩形，如图 4-19 所示。

步骤 7 为图形施加"倒角"修改器，在"参数"卷展栏中"分段"为 3，勾选"级间平滑"选项，在"倒角值"卷展栏中设置"级别 1"的"高度"为 0.5、"轮廓"为 0.5，勾选"级别 2"选项并设置"高度"为 47，勾选"级别 3"选项并设置"高度"为 0.5、"轮廓"为-0.5，如图 4-20 所示。

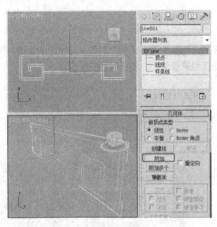

图 4-19

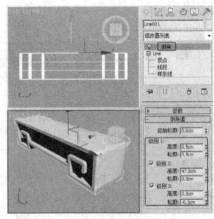

图 4-20

4.2.4 【相关工具】

1. "编辑样条线" 修改器与 Line

创建样条线后切换到 （修改）命令面板，可以看到该工具拥有一系列的命令和工具。这些命令和工具与"编辑样条线"基本相同。下面我们以"编辑样条线"为例介绍这些常用的命令和工具。

3ds Max 2014 提供的"编辑样条线"命令可以很方便地调整曲线，把一个简单的曲线变成复杂的曲线。如果是用线工具创建的曲线或图形，它本身就具有编辑样条线的所有功能，除了该工具创建以外的所有二维曲线想要编辑样条线有两种方法。

方法一：在"修改器列表"中选择"编辑样条线"修改器。

方法二：在创建的图形上单击鼠标右键，在弹出的快捷菜单中选择"转换为>转换为可编辑样条线"命令。

编辑样条线命令可以对曲线的"顶点""线段"和"样条线"3 个子物体进行编辑，在"几何体"卷展栏中根据不同的子物体将有相应的编辑功能。下面的介绍对任意子物体都可以使用。

创建线：可以在当前二维曲线的基础上创建新的曲线，被创建出的曲线与操作之前所选择的曲线结合在一起。

附加：可以将操作之后选择的曲线结合到操作之前所选择的曲线中，勾选"重定向"选项，可以将操作之后所选择的曲线移动到操作之前所选择曲线的位置。

附加多个：单击"附加多个"按钮，打开"附加多个"对话框，可以将场景中所有二维曲线结合到当前选中的二维曲线中。

插入：可以在选择的线条中插入新的点，不断单击鼠标左键，便不断插入新点，单击鼠标右键即可停止插入，但插入的点会改变曲线的形态。

◎顶点

在"顶点"子物体选择集的编辑状态下，"几何体"卷展栏中有一些针对该物体的编辑功能，大部分比较常用，要熟练掌握，如图 4-21 所示。

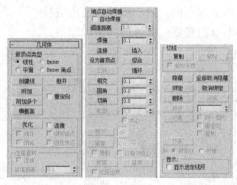

图 4-21

断开：可以将选择顶点端点打断，原来由该端点连接的线条在此处断开，产生两个顶点。

优化：可以在选择的线条中需要加点处加入新的点，且不会改变曲线的形状。此操作常用来圆滑局部曲线。

焊接，可以将两个或多个顶点进行焊接。该功能只能焊接开放性的顶点，焊接的范围由该按钮后面的数值决定。

连接：可以将两个顶点进行连接。在两个顶点中间生成一条新的连接线。

圆角：可以将选中的顶点进行圆角处理。选中顶点后，通过该按钮后面的数值框来圆角，如图 4-22 所示。

切角：可以将选中的顶点进行切角处理，如图 4-23 所示。

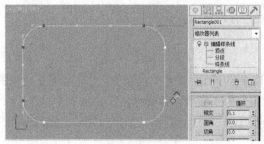

图 4-22

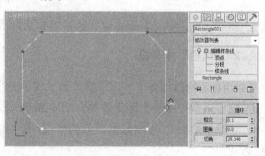

图 4-23

◎分段

在修改器堆栈中选择"分段"子物体，在"几何体"卷展栏中有两个编辑功能针对该子物体，如图 4-24 所示。

拆分：可在所选择的线段中插入相应的等分点等分所选的线段，其插入点的个数可以在该按钮之后的数值框中进行输入。

分离：可以将选择的线段分离出去，成为一个独立的图形实体。该按钮之后的"同一图形""重定向"和"复制"3 个复选框，可以控制分离操作时的具体情况。

◎样条线

在修改器堆栈中选择"样条线"子物体，进入"样条线"子物体层级后，"几何体"卷展栏如图 4-25 所示。下面介绍常用的几个工具。

轮廓：可以将所选择的曲线进行双线勾边以形成轮廓，如果选择的曲线为非封闭曲线，则系统在加轮廓时会自动进行封闭。

布尔：可以将经过结合操作的多条曲线进行运算，其中有 ⊘ （并集）、⊘ （差集）、⊘ （交集）运算按钮。进行布尔运算必须在同一条二维曲线之内进行，选择要留下的样条线，选择运算方式后单击该按钮，在视图中单击想要运算掉的样条线即可。

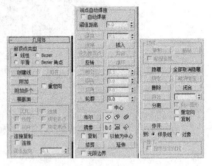

图 4-24　　　　　　　　　　　图 4-25

对于图 4-26 所示的图形，"并集"后的效果如图 4-27 所示，"差集"后的效果如图 4-28 所示，"交集"后的效果如图 4-29 所示。

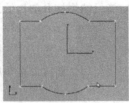

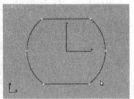

图 4-26　　　　　　　图 4-27　　　　　　　图 4-28　　　　　　　图 4-29

修剪：可以将经过结合操作的多条相交样条线进行修剪。

2. "倒角"修改器

"倒角"修改器是"挤出"修改器（具体介绍请参照下面的内容）的延伸，它可以在挤出来的三维物体边缘产生一个倒角效果。图 4-30 所示为倒角的"参数"卷展栏。

封口"始端"：用对象的最低局部 Z 值（底部）对末端进行封口。禁用此项后，底部为打开状态。

封口"末端"：用对象的最高局部 Z 值（底部）对末端进行封口。禁用此项后，底部不再打开。

变形：为变形创建适合的封口曲面。

栅格：在栅格图案中创建封口曲面。封装类型的变形和渲染要比渐进变形封装效果好。

线性侧面：激活此项后，级别之间会沿着一条直线进行分段插值。

曲线侧面：激活此项后，级别之间会沿着一条 Bezier 曲线进行分段插值。对于可见曲率，使用曲线侧面的多个分段。

分段：在每个级别之间设置中级分段的数量。

级间平滑：控制是否将平滑组应用于倒角对象的侧面。封口会使用与侧面不同的平滑组。启用此项后，对侧面应用平滑组，侧面显示为弧形；禁用此项后，不应用平滑组，侧面显示为平面倒角。

生成贴图坐标：启用此项后，将贴图坐标应用于倒角对象。

真实世界贴图大小：控制应用于该对象的纹理贴图材质所使用的缩放方法。缩放值由位于应用材质的"坐标"卷展栏中的"使用真实世界比例"设置控制。默认设置为启用。

避免线相交：防止轮廓彼此相交。它通过在轮廓中插入额外的顶点，并用一条平直的线段覆盖锐角来实现。

分离：设置边之间所保持的距离，最小值为 0.01。

图 4-31 所示为"倒角值"卷展栏。

级别 1：包含两个参数，它们表示起始级别的改变。

高度：设置级别 1 在起始级别之上的距离。

轮廓：设置级别 1 的轮廓到起始轮廓的偏移距离。

级别 2 和级别 3 是可选的并且允许改变倒角量和方向。

图 4-31

级别 2：在级别 1 之后添加一个级别。

高度：设置级别 1 之上的距离。

轮廓：设置级别 2 的轮廓到级别 1 轮廓的偏移距离。

级别 3：在前一级别之后添加一个级别。如果未启用级别 2，级别 3 添加于级别 1 之后。

高度：设置到前一级别之上的距离。

轮廓：设置级别 3 的轮廓到前一级别轮廓的偏移距离。

 提 示 "倒角"修改器一般用于制作三维立体文字模型。

4.2.5 【实战演练】相框

相框的制作主要是创建矩形，施加倒角和编辑多边形修改器制作相框模型，创建线使用挤出和 FFD4×4×4 修改器制作支架模型。（最终效果参看光盘中的"场景>第 4 章>4.2.5 相框.max"，见图 4-32。）

4.3 魔方

图 4-32

4.3.1 【案例分析】

魔方是一种机械益智玩具，一般拥有 6 个面，每个面上有 9 个方块，由 26 个小正方体组成。

4.3.2 【设计理念】

创建长方体，设置合适的分段，并设置多边形的挤出，完成魔方效果。（最终效果参看光盘中的"场景>第 4 章>4.3 魔方.max"，见图 4-33。）

4.3.3 【操作步骤】

步骤 1 选择"　（创建）>○（几何体）>长方体"工具，在"前"视图中单击创建长方体，在"参数"卷展栏中设置"长度""宽度"和"高度"均为 180，设置"长度分段""宽度分段"和"高度分段"均为 3，如图 4-34 所示。

图 4-33

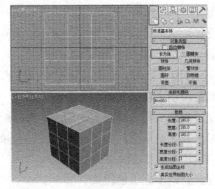

图 4-34

步骤 2 切换到　（修改）命令面板，在"修改器列表"中选择"编辑多边形"修改器，将选择集定义为"边"，在场景中按 Ctrl+A 组合键全选边，如图 4-35 所示。

步骤 3 在"编辑边"卷展栏中单击"切角"后的□按钮，在当前视口中出现小盒，设置"切角数量"为 1.8、"分段"为 1，如图 4-36 所示。

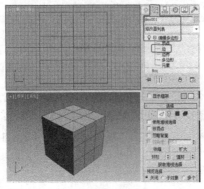

图 4-35

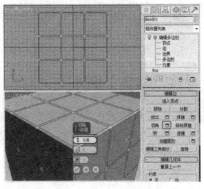

图 4-36

步骤 ④ 将选择集定义为"多边形",在场景中选择如图 4-37 所示的多边形。

步骤 ⑤ 在"编辑多边形"卷展栏中单击"倒角"后的▢按钮,在当前视口中出现小盒,设置"倒角高度"为-3、"轮廓"为-1,如图 4-38 所示。

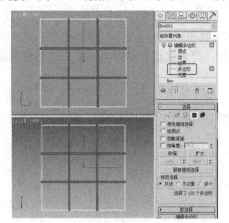

图 4-37

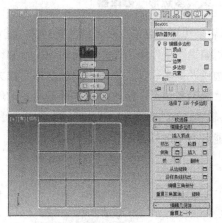

图 4-38

步骤 ⑥ 设置的倒角效果如图 4-39 所示。

步骤 ⑦ 选择图 4-40 所示的多边形。

图 4-39

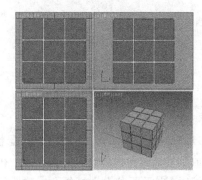

图 4-40

步骤 ⑧ 按 Ctrl+I 组合键反选多边形,单击"编辑几何体"卷展栏中"细化"后的▢按钮,在当前视口中出现小盒,设置参数为 1,如图 4-41 所示。

步骤 ⑨ 关闭选择集为模型施加"网格平滑"修改器,在"细分方法"卷展栏中选择"细分方法"为"经典"。在"细分量"卷展栏中设置"迭代次数"为 0,如图 4-42 所示。

图 4-41

图 4-42

4.3.4 【相关工具】

1. "编辑多边形"修改器

"编辑多边形"对象也是一种网格对象，它在功能和使用上几乎和"编辑网格"是一致的。不同的是"编辑网格"是由三角形面构成的框架结构，而多边形对象既可以是三角网格模型，也可以是四边或者更多。其功能比"编辑网格"强大。

◎ "编辑多边形"修改器与"可编辑多边形"的区别

"编辑多边形"修改器（见图4-43）与"可编辑多边形"（见图4-44）大部分功能相同，但卷展栏功能有不同之处。

图 4-43

图 4-44

"编辑多边形"修改器与"可编辑多边形"之间的区别如下。

"编辑多边形"是一个修改器，具有修改器状态所说明的所有属性。其中包括在堆栈中将"编辑多边形"放到基础对象和其他修改器上方，在堆栈中将修改器移动到不同位置以及对同一对象应用多个"编辑多边形"修改器（每个修改器包含不同的建模或动画操作）的功能。

"编辑多边形"有两个不同的操作模式："模型"和"动画"。

"编辑多边形"中不再包括始终启用的"完全交互"开关功能。

"编辑多边形"提供了两种从堆栈下部获取现有选择的新方法：使用堆栈选择和获取堆栈选择。

"编辑多边形"中缺少"可编辑多边形"的"细分曲面"和"细分置换"卷展栏。

在"动画"模式中，通过单击"切片"而不是"切片平面"来开始切片操作，也需要单击"切片平面"来移动平面，可以设置切片平面的动画。

◎ "编辑多边形"修改器的子对象层级

为模型施加"编辑多边形"修改器后，在修改器堆栈中可以查看"编辑多边形"修改器的子对象层级，如图4-45所示。

"编辑多边形"子对象层级的介绍如下。

顶点：顶点是位于相应位置的点。它们定义构成多边形对象的其他子对象的结构。当移动或编辑顶点时，它们形成的几何体也会受影响。顶点也可以独立存在，这些孤立顶点可以用来构建其他几何体，但在渲染时，它们是

图 4-45

不可见的。当定义为"顶点"时可以选择单个或多个顶点，并且使用标准方法移动它们。

边：边是连接两个顶点的直线，边不能由两个以上多边形共享。另外，两个多边形的法线应相邻。如果不相邻，应卷起共享顶点的两条边。当定义为"边"选择集时选择一条和多条边，然后使用标准方法变换它们。

边界：边界是网格的线性部分，它通常是多边形仅位于一面时的边序列。例如，长方体没有边界，但茶壶对象有若干边界：壶盖、壶身和壶嘴上有边界，还有两个在壶把上。如果创建圆柱体，然后删除末端多边形，相邻的一行边会形成边界。当将选择集定义为"边界"时可选择一个和多个边界，然后使用标准方法变换它们。

多边形：多边形是通过曲面连接的 3 条或多条边的封闭序列。多边形提供"编辑多边形"对象的可渲染曲面。当将选择集定义为"多边形"时可选择单个或多个多边形，然后使用标准方法变换它们。

元素：元素是两个或两个以上可组合为一个更大对象的单个网格对象。

◎公共参数卷展栏

无论是当前选择集处于何种子对象，它们都具有公共的卷展栏参数。下面介绍这些公共卷展栏中的各种命令和工具的应用。在选择子对象层级后，相应的命令就会被激活。

图 4-46

（1）"编辑多边形模式"卷展栏中的选项功能介绍如下（见图 4-46）。

模型：用于使用"编辑多边形"功能建模。在"模型"模式下，不能设置操作的动画。

动画：用于使用"编辑多边形"功能设置动画。

提　示　几何除选择"动画"外，必须启用"自动关键点"或使用"设置关键点"才能设置子对象变换和参数更改的动画。

标签：显示当前存在的任何命令。否则，它显示<无当前操作>。

提交：在"模型"模式下，使用小盒接受任何更改并关闭小盒（与小盒上的确定按钮相同）。在"动画"模式下，冻结已设置动画的选择在当前帧的状态，然后关闭对话框。该操作会丢失所有现有关键帧。

设置：切换当前命令的小盒。

取消：取消最近使用的命令。

显示框架：在修改或细分之前，切换显示编辑多边形对象的两种颜色线框的显示。框架颜色显示为复选框右侧的色样。第一种颜色表示未选定的子对象，第二种颜色表示选定的子对象。通过单击其色样更改颜色。"显示框架"切换只能在子对象层级使用。

图 4-47

（2）"选择"卷展栏中的选项功能介绍如下（见图 4-47）。

（顶点）：访问"顶点"子对象层级，可从中选择光标下的顶点；区域选择将选择区域中的顶点。

（边）：访问"边"子对象层级，可从中选择光标下的多边形的边，也可框选区域中的多条边。

（边界）：访问"边界"子对象层级，可从中选择构成网格中孔洞边框的一系列边。

（多边形）：访问"多边形"子对象层级，可选择光标下的多边形。区域选择选中区域中的多个多边形。

■（元素）：访问"元素"子对象层级，通过它可以选择对象中所有相邻的多边形。区域选择用于选择多个元素。

使用堆栈选择：启用时，编辑多边形自动使用在堆栈中向上传递的任何现有子对象选择，并禁止用户手动更改选择。

按顶点：启用时，只有通过选择所用的顶点，才能选择子对象。单击顶点时，将选择使用该选定顶点的所有子对象。该功能在"顶点"子对象层级上不可用。

忽略背面：启用后，选择子对象将只影响朝向用户的那些对象。

按角度：启用时，选择一个多边形会基于复选框右侧的角度设置同时选择相邻多边形。该值可以确定要选择的邻近多边形之间的最大角度。仅在多边形子对象层级可用。

收缩：通过取消选择最外部的子对象缩小子对象的选择区域。如果不再减少选择大小，则可以取消选择其余的子对象，如图 4-48 所示。

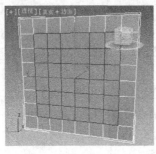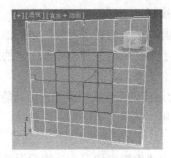

图 4-48

扩大：朝所有可用方向外侧扩展选择区域，如图 4-49 所示。

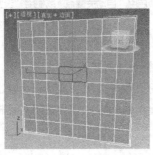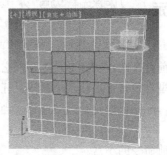

图 4-49

环形：环形按钮旁边的微调器允许用户在任意方向将选择移动到相同环上的其他边，即相邻的平行边，如图 4-50 所示。如果选择了循环，则可以使用该功能选择相邻的循环。该功能只适用于边和边界子对象层级。

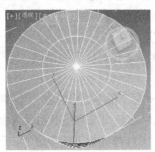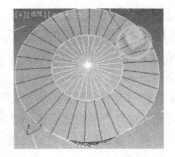

图 4-50

循环：在与所选边对齐的同时，尽可能远地扩展边选定范围。循环选择仅通过四向连接进行传播，如图 4-51 所示。

获取堆栈选择：使用在堆栈中向上传递的子对象选择替换当前选择。然后，可以使用标准方法修改此选择。

"预览选择"选项组：提交到子对象选择之前，该选项允许预览它。根据鼠标的位置，可以在当前子对象层级预览，或者自动切换子对象层级。

关闭：预览不可用。

子对象：仅在当前子对象层级启用预览，如图 4-52 所示。

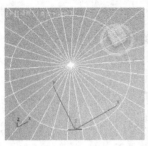
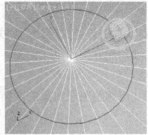
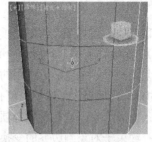

图 4-51   图 4-52

多个：像子对象一样起作用，但根据鼠标的位置，也在顶点、边和多边形子对象层级级别之间自动变换。

选定整个对象：选择卷展栏底部是一个文本显示，提供有关当前选择的信息。如果没有子对象选中，或者选中了多个子对象，那么该文本给出选择的数目和类型。

（3）"软选择"卷展栏中的选项功能介绍如下（见图 4-53）。

使用软选择：启用该选项后，3ds Max 会将样条线曲线变形应用到所变换的选择周围的未选定子对象。要产生效果，必须在变换或修改选择之前启用该复选框。

边距离：启用该选项后，将软选择限制到指定的面数，该选择在进行选择的区域和软选择的最大范围之间。

影响背面：启用该选项后，那些法线方向与选定子对象平均法线方向相反的、取消选择的面就会受到软选择的影响。

衰减：用以定义影响区域的距离，它是用当前单位表示的从中心到球体的边的距离。使用越高的衰减设置，就可以实现更平缓的斜坡，具体情况取决于您的几何体比例。

收缩：沿着垂直轴提高并降低曲线的顶点。设置区域的相对"突出度"。为负数时，将生成凹陷，而不是点。设置为 0 时，收缩将跨越该轴生成平滑变换。

膨胀：沿着垂直轴展开和收缩曲线。

明暗处理面切换：显示颜色渐变，它与软选择权重相适应。

锁定软选择：启用该选项将禁用标准软选择选项，通过锁定标准软选择的一些调节数值选项，避免程序选择对它进行更改。

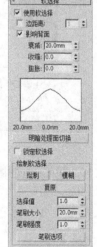

图 4-53

"绘制软选择"选项组：可以通过鼠标在视图上指定软选择，绘制软选择可以通过绘制不同权重的不规则形状来表达想要的选择效果。与标准软选择相比而言，绘制软选择可以更灵活地控制软选择图形的范围，让我们不再受固定衰减曲线的限制。

绘制：选择该选项，在视图中拖动鼠标，可在当前对象上绘制软选择。

模糊：选择该项，在视图中拖动鼠标，可复原当前的软选择。

复原：选择该选项，在视图中拖动鼠标，可复原当前的软选择。

选择值：绘制或复原软选择的最大权重，最大值为1。

笔刷大小：绘制软选择的笔刷大小。

笔刷强度：绘制软选择的笔刷强度，强度越高，达到完全值的速度越快。

提 示 通过 Ctrl+Shift+鼠标左键可以快速调整笔刷大小，通过 Alt+Shift+鼠标左键可以快速调整笔刷强度，绘制时按住 Ctrl 键可暂时恢复启用复原工具。

笔刷选项：可打开"绘制选项"对话框来自定义笔刷的相关属性，如图4-54所示。

（4）"编辑几何体"卷展栏中的选项功能介绍如下（见图4-55）。

重复上一个：重复最近使用的命令。

"约束"选项组：可以使用现有的几何体约束子对象的变换。

无：没有约束。这是默认选项。

边：约束子对象到边界的变换。

面：约束子对象到单个面曲面的变换。

法线：约束每个子对象到其法线（或法线平均）的变换。

保持UV：启用此选项后，可以编辑子对象，而不影响对象的 UV 贴图。

创建：创建新的几何体。

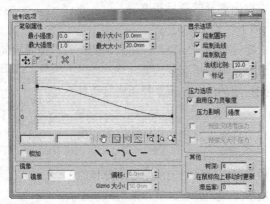

图 4-54

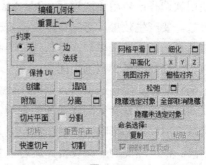

图 4-55

塌陷：通过将其顶点与选择中心的顶点焊接，使连续选定子对象的组产生塌陷，如图4-56所示。

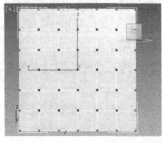
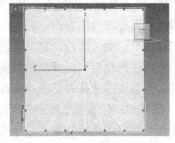

图 4-56

附加：用于将场景中的其他对象附加到选定的多边形对象。单击▢（附加列表）按钮，在弹出的对话框中可以选择一个或多个对象进行附加。

分离：将选定的子对象和附加到子对象的多边形作为单独的对象或元素进行分离。单击▢（设置）按钮，打开分离对话框，使用该对话框可设置多个选项。

切片平面：为切片平面创建 Gizmo，可以定位和旋转它，来指定切片位置。同时，启用切片和重置平面按钮，单击切片可在平面与几何体相交的位置创建新边。

分割：启用时，通过快速切片和分割操作，可以在划分边的位置处的点创建两个顶点集。

切片：在切片平面位置处执行切片操作。只有启用切片平面时，才能使用该选项。

重置平面：将切片平面恢复到其默认位置和方向。只有启用切片平面时，才能使用该选项。

快速切片：可以将对象快速切片，而不操作 Gizmo。进行选择，并单击快速切片，然后在切片的起点处单击一次，再在其终点处单击一次。激活命令时，可以继续对选定内容执行切片操作。要停止切片操作，请在视口中右键单击，或者重新单击快速切片将其关闭。

切割：用于创建一个多边形到另一个多边形的边，或在多边形内创建边。单击起点，并移动鼠标光标，然后再单击，再移动和单击，以便创建新的连接边。右键单击一次退出当前切割操作，然后可以开始新的切割，或者再次右键单击退出切割模式。

网格平滑：使用当前设置平滑对象。

细化：根据细化设置细分对象中的所有多边形。单击▢（设置）按钮，以便指定平滑的应用方式。

平面化：强制所有选定的子对象成为共面。该平面的法线是选择的平均曲面法线。

X、Y、Z：平面化选定的所有子对象，并使该平面与对象的局部坐标系中的相应平面对齐。例如，使用的平面是与按钮轴相垂直的平面，因此，单击"X"按钮时，可以使该对象与局部 y 轴、z 轴对齐。

视图对齐：使对象中的所有顶点与活动视口所在的平面对齐。在子对象层级，此功能只会影响选定顶点或属于选定子对象的那些顶点。

栅格对齐：使选定对象中的所有顶点与活动视图所在的平面对齐。在子对象层级，只会对齐选定的子对象。

松弛：使用当前的松弛设置将松弛功能应用于当前选择。松弛可以规格化网格空间，方法是朝着邻近对象的平均位置移动每个顶点。单击▢（设置）按钮，以便指定松弛功能的应用方式。

隐藏选定对象：隐藏选定的子对象。

全部取消隐藏：将隐藏的子对象恢复为可见。

隐藏未选定对象：隐藏未选定的子对象。

命令选择：用于复制和粘贴对象之间的子对象的命名选择集。

复制：打开一个对话框，使用该对话框，可以指定要放置在复制缓冲区中的命名选择集。

粘贴：从复制缓冲区中粘贴命名选择。

删除孤立顶点：启用时，在删除连续子对象的选择时删除孤立顶点。禁用时，删除子对象会保留所有顶点。默认设置为启用。

（5）"绘制变形"卷展栏中的选项功能介绍如下（见图 4-57）。

推/拉：将顶点移入对象曲面内（推）或移出曲面外（拉）。推拉的方向和范围由推/拉值设置所确定。

松弛：将每个顶点移到由它的邻近顶点平均位置所计算出来的位置上，来

图 4-57

规格化顶点之间的距离。松弛使用与松弛修改器相同的方法。

复原：通过绘制可以逐渐擦除或反转推/拉或松弛的效果。仅影响从最近的提交操作开始变形的顶点。如果没有顶点可以复原，但复原按钮不可用。

"推/拉方向"选项组：此设置用以指定对顶点的推或拉是根据曲面法线、原始法线或变形法线进行，还是沿着指定轴进行。

原始法线：选择此项后，对顶点的推或拉会使顶点以它变形之前的法线方向进行移动。重复应用绘制变形总是将每个顶点以它最初移动时的相同方向进行移动。

变形法线：选择此项后，对顶点的推或拉会使顶点以它现在的法线方向进行移动，也就是说，在变形之后的法线。

变换轴 X、Y、Z：选择此项后，对顶点的推或拉会使顶点沿着指定的轴进行移动。

推/拉值：确定单个推/拉操作应用的方向和最大范围。正值将顶点拉出对象曲面，而负值将顶点推入曲面。

笔刷大小：设置圆形笔刷的半径。

笔刷强度：设置笔刷应用推/拉值的速率。低的强度值应用效果的速率要比高的强度值来得慢。

笔刷选项：单击此按钮以打开绘制选项对话框，在该对话框中可以设置各种笔刷相关的参数。

提交：使变形的更改永久化，将它们分配到对象几何体中。在使用提交后，就不可以将复原应用到更改上。

取消：取消自最初应用绘制变形以来的所有更改，或取消最近的提交操作。

◎ **子对象层级卷展栏**

在"编辑多边形"中有许多参数卷展栏是与子对象层级相关联的，选择子对象层级时，相应的卷展栏将出现。下面对这些卷展栏进行详细的介绍。

（1）选择集为"顶点"时在修改面板中出现的卷展栏。

"编辑顶点"卷展栏中的选项功能介绍如下（见图 4-58）。

移除：删除选中的顶点，并接合起使用这些顶点的多边形。

提 示 选中需要删除的顶点，如图 4-59 所示。如果直接 Delete 键，此时网格中会出现一个或多个洞，如图 4-60 所示。如果按"移除"键则不会出现洞，如图 4-61 所示。

  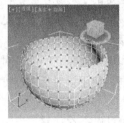 

图 4-58　　　　　图 4-59　　　　　图 4-60　　　　　图 4-61

断开：在与选定顶点相连的每个多边形上，都创建一个新顶点，这可以使多边形的转角相互分开，使它们不再相连于原来的顶点上。如果顶点是孤立的或者只有一个多边形使用，则顶点将不受影响。

挤出：可以手动挤出顶点，方法是在视口中直接操作。单击此按钮，然后垂直拖动到任何顶点上，就可以挤出此顶点。挤出顶点时，它会沿法线方向移动，并且创建新的多边形，形成挤出的面，将顶点与对象相连。挤出对象的面的数目，与原来使用挤出顶点的多边形数目一样。单击 ▢（设置）按钮打开助手小盒，以便通过交互式操纵执行挤出。

焊接：对焊接助手中指定的公差范围内选定的连续顶点进行合并。所有边都会与产生的单个顶点连接。单击 ▢（设置）按钮打开助手小盒以便设定焊接阈值。

切角：单击此按钮，然后在活动对象中拖动顶点。如果想准确地设置切角，先单击 ▢（设置）按钮打开助手小盒，然后设置切角量值，如图 4-62 所示。如果选定多个顶点，那么它们都会被施加同样的切角。

目标焊接：可以选择一个顶点，并将它焊接到相邻目标顶点，如图 4-63 所示。目标焊接只焊接成对的连续顶点；也就是说，顶点有一个边相连。

图 4-62　　　　　　　　　　　　　图 4-63

连接：在选中的顶点对之间创建新的边，如图 4-64 所示。

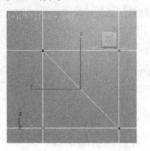

图 4-64

移除孤立顶点：将不属于任何多边形的所有顶点删除。

移除未使用的贴图顶点：某些建模操作会留下未使用的（孤立）贴图顶点，它们会显示在展开 UVW 编辑器中，但是不能用于贴图。可以使用这一按钮，来自动删除这些贴图顶点。

（2）选择集为"边"时在修改面板中出现的卷展栏。

"编辑边"卷展栏中的选项功能介绍如下（见图 4-65）。

插入顶点：用于手动细分可视的边。启用插入顶点后，单击某边即可在该位置处添加顶点。

移除：删除选定边并组合使用这些边的多边形。

分割：沿着选定边分割网格。对网格中心的单条边应用时，不会起任何作用。影响边末端的顶点必须是单独的，以便能使用该选项。例如，因为边界顶点可以一分为二，所以，可以在与现有的边界相交的单条边上使用该选项。另外，因为共享顶点可以进行分割，所以，可以在栅格或球体的中心处分割两个相邻的边。

桥：使用多边形的桥连接对象的边。桥只连接边界边，也就是只在一侧有多边形的边。创建边循环或剖面时，该工具特别有用。单击 ▢（设置）按钮打开小盒助手，以便通过交互式操纵在边对之间添加多边形，如图 4-66 所示。

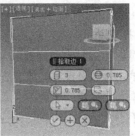

图 4-65   图 4-66

创建图形：选择一条或多条边创建新的曲线。

编辑三角剖面：用于修改绘制内边或对角线时多边形细分为三角形的方式。

旋转：用于通过单击对角线修改多边形细分为三角形的方式。激活旋转时，对角线可以在线框和边面视图中显示为虚线。在旋转模式下，单击对角线可更改其位置。要退出旋转模式，请在视口中右键单击或再次单击旋转按钮。

（3）选择集为"边界"时在修改面板中出现的卷展栏。

"编辑边界"卷展栏中的选项功能介绍如下（见图 4-67）。

封口：使用单个多边形封住整个边界环，如图 4-68 所示。

图 4-67   图 4-68

创建图形：选择边界创建新的曲线。

编辑三角剖面：用于修改绘制内边或对角线时多边形细分为三角形的方式。

旋转：用于通过单击对角线修改多边形细分为三角形的方式。

（4）选择集为"多边形"时在修改面板中出现"编辑多边形"、"多边形：材质 ID"、"多边形：平滑组"卷展栏。

"编辑多边形"卷展栏中的选项功能介绍如下（见图 4-69）。

轮廓：用于增加或减小每组连续的选定多边形的外边，单击 □（设置）按钮打开助手小盒，以便通过数值设置施加轮廓操作，如图 4-70 所示。

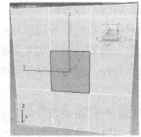
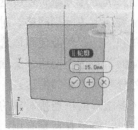

图 4-69   图 4-70

倒角：通过直接在视口中操做执行手动倒角操作。单击■（设置）按钮打开助手小盒，以便通过交互式操做执行倒角处理，如图 4-71 所示。

插入：执行没有高度的倒角操作，图 4-72 所示为在选定多边形的平面内执行该操作。单击"插入"按钮，然后垂直拖动任何多边形，以便将其插入。单击■（设置）按钮打开助手小盒，以便通过交互式操做插入多边形。

 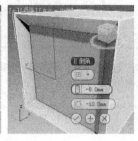  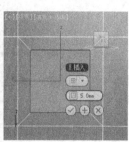

图 4-71　　　　　　　　　　　　　　　　　　　　　　图 4-72

翻转：反转选定多边形的法线方向。

从边旋转：通过在视口中直接操纵执行手动旋转操作。单击■（设置）按钮打开从边旋转助手，以便通过交互式操纵旋转多边形。

沿样条线挤出：沿样条线挤出当前的选定内容。单击■（设置）按钮打开沿样条线挤出助手，以便通过交互式操纵沿样条线挤出。

编辑三角剖面：可以通过绘制内边修改多边形细分为三角形的方式，如图 4-73 所示。

重复三角算法：允许 3ds Max 对多边形或当前选定的多边形自动执行最佳的三角剖分操作。

旋转：用于通过单击对角线修改多边形细分为三角形的方式。

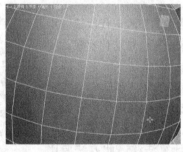 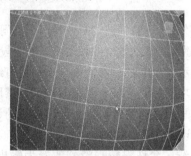

图 4-73

"多边形：材质 ID"卷展栏中的选项功能介绍如下（见图 4-74）。

设置 ID：用于向选定的面片分配特殊的材质 ID 编号，以供多维/子对象材质和其他应用使用。

选择 ID：选择与相邻 ID 字段中指定的材质 ID 对应的子对象。键入或使用该微调器指定 ID，然后单击选择 ID 按钮。

清除选择：启用时，选择新 ID 或材质名称会取消选择以前选定的所有子对象。

"多边形：平滑组"卷展栏中的选项功能介绍如下（见图 4-75）。

按平滑组选择：显示说明当前平滑组的对话框。

清除全部：从选定片中删除所有的平滑组分配多边形。

自动平滑：基于多边形之间的角度设置平滑组。如果任何两个相邻多边形的法线之间的角度小于阈值角度（由该按钮右侧的微调器设置），它们会包含在同一平滑组中。

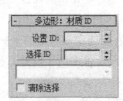

图 4-74　　　　　　　　　　图 4-75

提 示　　"元素"选择集的卷展栏中的相关命令与"多边形"选择集功能大体相同，这里就不重复介绍了，具体命令参考"多边形"选择集即可。

2. "涡轮平滑"修改器

涡轮平滑修改器（如网格平滑）平滑场景中的几何体，图 4-76 所示为涡轮平滑的参数设置面板。

迭代次数：设置网格细分的次数。增加该值时，每次新的迭代会通过在迭代之前对顶点、边和曲面创建平滑差补顶点来细分网格。修改器会细分曲面来使用这些新的顶点。默认值为 10，范围在 0 到 10 之间。

提 示　　在增加迭代次数时，对于每次迭代，对象中的顶点和曲面数量（以及计算时间）增加 4 倍。对平均适度的复杂对象应用 4 次迭代会花费很长时间来进行计算，如果迭代次数过高，机器反应不过来，这时需要按 Esc 键退出缓存。

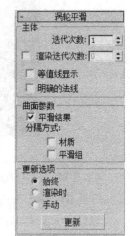

渲染迭代次数：允许在渲染时选择一个不同数量的平滑迭代次数应用于对象。启用渲染迭代次数，并使用右边的字段来设置渲染迭代次数。

等值线显示：启用时，该软件只显示等值线，对象在平滑之前的原始边。使用此项的好处是减少混乱的显示。禁用此项后，该软件会显示所有通过涡轮平滑添加的曲面。因此，更高的迭代次数会产生更多数量的线条。默认设置为禁用状态。

明确的法线：允许涡轮平滑修改器为输出计算法线，此方法要比 3ds Max 中网格对象平滑组中用于计算法线的标准方法迅速。默认设置为禁用状态。

平滑结果：对所有曲面应用相同的平滑组。

按"材质"分隔：防止在不共享材质 ID 的曲面之间的边创建新曲面。

按"平滑组"分隔：防止在不共享至少一个平滑组的曲面之间的边上创建新曲面。

图 4-76

始终：无论何时改变任何涡轮平滑设置都自动更新对象。

渲染时：只在渲染时更新对象的视口显示。

手动：启用手动更新。选中手动更新时，改变的任意设置直到单击"更新"按钮时才起作用。

更新：更新视口中的对象来匹配当前涡轮平滑设置。仅在选择"渲染"或"手动"时才起作用。

4.3.5　【实战演练】晶格装饰

本例介绍晶格装饰的制作,其主要是创建长方体,设置合适的分段,为该模型施加"晶格"修改器来完成的。(最终效果参看光盘中的"场景>第 4 章>4.3.5 晶格装饰.max",见图 4-77。)

图 4-77

4.4　综合演练——碗碟的制作

创建碗碟的方法可以使用编辑多边形修改器制作,也可以使用车削修改器创建图形来完成。(最终效果参看光盘中的"场景>第 4 章>4.4 碗碟.max",见图 4-78。)

图 4-78

4.5　综合演练——现代装饰挂画的制作

现代装饰挂画的画轴可以创建图形对其进行车削,挂画可以使用简单的平面,创建样条线制作挂画的线。(最终效果参看光盘中的"场景>第 4 章>4.5 现代装饰挂画.max",见图 4-79。)

图 4-79

第5章 复合对象的创建

3ds Max 的基本内置模型是创建复合物体的基础，可以将多个内置模型组合在一起，从而产生出千变万化的模型。布尔运算工具和放样工具曾经是 3ds Max 的主要建模手段。虽然这两个建模工具已渐渐退出主要地位，但仍然是快速创建一些相对复杂物体的好方法。

 课堂学习目标

- 布尔运算建模
- 放样命令建模

5.1 手机

5.1.1 【案例分析】

手机，是当代人必备的通信工具，是可以握在手上的移动电话。

5.1.2 【设计理念】

本案例介绍使用"圆角矩形、长方体、ProBoolean、切角圆柱体、球体"工具，结合使用"倒角、编辑多边形"修改器制作手机模型。（最终效果参看光盘中的"场景>第 5 章>5.1 手机.max"，见图 5-1。）

5.1.3 【操作步骤】

步骤 1 单击 " （创建）> （图形）>矩形" 按钮，在 "顶" 视图中创建圆角矩形，在 "参数" 卷展栏中设置 "长度" 为 125、"宽度" 为 60、"角半径" 为 8，如图 5-2 所示。

步骤 2 为图形施加 "倒角" 修改器，在 "参数" 卷展栏中 "分段" 为 3，勾选 "级间平滑" 选项。在 "倒角值" 卷展栏中设置 "级别 1" 的 "高度" 为 0.5、"轮廓" 为 0.5，勾选 "级别 2" 选项并设置 "高度" 为 6.5，勾选 "级别 3" 选项并设置 "高度" 为 0.5、"轮廓" 为-0.5，如图 5-3 所示。

步骤 3 为模型施加 "编辑多边形" 修改器，将选择集定义为 "多边形"，在 "顶" 视图中选择如图 5-4 所示的多边形，在 "编辑多边形" 卷展栏中单击 "倒角" 后的设置按钮，在弹出的小盒中设置 "轮廓" 为-0.8，单击 （应用并继续）按钮再次为多边形设置倒角。

图 5-1

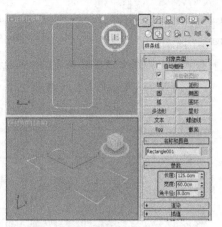

图 5-2

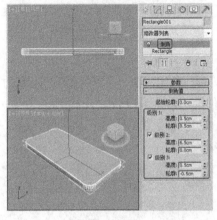

图 5-3

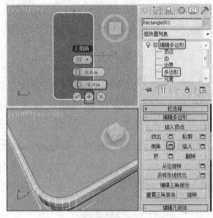

图 5-4

步骤 4 设置"高度"为-0.5、"轮廓"为-0.8，单击"确定"按钮，如图 5-5 所示。

步骤 5 单击"　（创建）>　（几何体）>长方体"按钮，在"顶"视图中创建长方体作为手机屏幕模型，在"参数"卷展栏中设置"长度"为 90、"宽度"为 53、"高度"为 2，复制出一个模型作为布尔对象，调整模型至合适的位置，如图 5-6 所示。

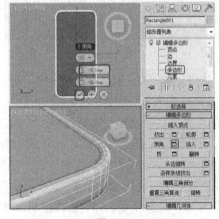

图 5-5

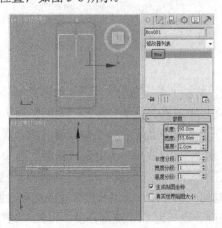

图 5-6

步骤 6 ）在场景中选择矩形 001 模型，单击"　（创建）>　（几何体）>复合对象>ProBoolean"

按钮,在"拾取布尔对象"卷展栏中单击"开始拾取"按钮,在场景中拾取一个长方体模型,如图5-7所示。

步骤 7 在"左"视图中调整屏幕模型至合适的位置,如图5-8所示。

图5-7

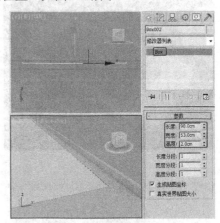

图5-8

步骤 8 单击" (创建)> (几何体)>长方体"按钮,在"左"视图中创建长方体,设置合适的参数,复制模型,调整模型至合适的位置,如图5-9所示。

步骤 9 在场景中选择矩形001模型,在"拾取布尔对象"卷展栏中单击"开始拾取"按钮,在场景中依次拾取长方体模型,如图5-10所示。

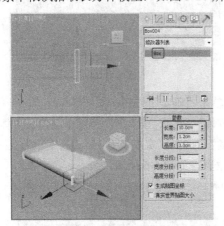

图5-9

图5-10

步骤 10 单击" (创建)> (图形)>矩形"按钮,在"左"视图中创建矩形,在"参数"卷展栏中设置"长度"为2、"宽度"为7、"角半径"为1,如图5-11所示。

步骤 11 为图形施加"倒角"修改器,在"倒角值"卷展栏中设置"级别2"的"高度"为1、"级别3"的"高度"为0.2、"轮廓"为-0.2,调整模型至合适的位置,如图5-12所示。

步骤 12 单击" (创建)> (几何体)>扩展基本体>切角圆柱体"按钮,在"左"视图中创建切角圆柱体,在"参数"卷展栏中设置"半径"为2.5、"高度"为2、"圆角"为0.2、"高度分段"为1、"圆角分段"为3、"边数"为20,复制模型,并调整模型至合适的位置,如图5-13所示。

步骤 13 在场景中复制作为按钮的矩形002模型,调整模型至合适的位置及角度,在工具栏中鼠标

74

右击 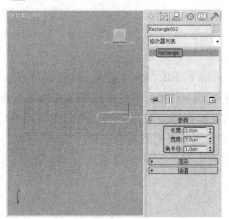（选择并均匀缩放）按钮，在弹出的对话框中放大模型的 x、y 轴方向，如图 5-14 所示。

图 5-11　　　　　　　　　　　　图 5-12

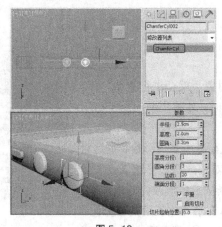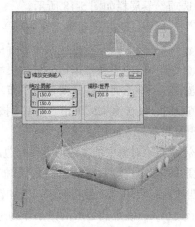

图 5-13　　　　　　　　　　　　图 5-14

步骤 14　单击"（创建）>（几何体）>球体"按钮，在"顶"视图中创建球体作为布尔对象，如图 5-15 所示。

步骤 15　选择矩形 001 模型，使用布尔拾取球体。使用同样方法制作出手机的听筒、前置摄像头等，完成后的模型如图 5-16 所示。

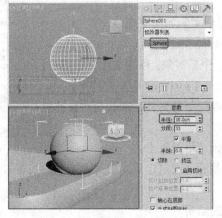

图 5-15　　　　　　　　　　　　图 5-16

中等职业教育数字艺术类规划教材

5.1.4 【相关工具】

ProBlooean 工具

ProBoolean 复合对象在执行布尔运算之前，采用了 3ds Max 网格，并增加了额外的智能。首先它组合了拓扑，再确定共面三角形并移除附带的边，然后不是在这些三角形上而是在 N 多边形上执行布尔运算。完成布尔运算之后，对结果执行重复三角算法，然后在共面的边隐藏的情况下，将结果发送回 3ds Max 中。这样额外工作的结果有双重意义：布尔对象的可靠性非常高，因为有更少的小边和三角形，因此结果输出更清晰。图 5-17 所示"拾取布尔对象"卷展栏。

图 5-17

开始拾取：在场景中拾取操作对象。

◎ **"高级选项"卷展栏**

"高级选项"卷展栏如图 5-18 所示。

"更新"选项组：这些选项确定在进行更改后，何时在布尔对象上执行更新。

始终：只要更改了布尔对象，就会进行更新。

手动：仅在单击"更新"按钮后进行更新。

仅限选定时：不论何时，只要选定了布尔对象，就会进行更新。

仅限渲染时：仅在渲染或单击"更新"按钮时，才将更新应用于布尔对象。

更新：对布尔对象应用更改。

消减%：从布尔对象中的多边形上移除边，从而减少多边形数目的边百分比。

"四边形镶嵌"选项组：这些选项启用布尔对象的四边形镶嵌。

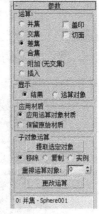

图 5-18

设为四边形：启用时，会将布尔对象的镶嵌从三角形改为四边形。

四边形大小%：确定四边形的大小作为总体布尔对象长度的百分比。

"移除平面上的边"选项组：此选项组确定如何处理平面上的多边形。

全部移除：移除一个面上的所有其他共面的边，这样该面本身将定义多边形。

只移除不可见：移除每个面上的不可见边。

不移除边：不移除边。

◎ **"参数"卷展栏**

"参数"卷展栏如图 5-19 所示。

"运算"选项组：这些设置确定布尔运算对象实际如何交互。

并集：将两个或多个单独的实体组合到单个布尔对象中。

交集：从原始对象之间的物理交集中创建一个新对象；移除未相交的体积。

差集：从原始对象中移除选定对象的体积。

合集：将对象组合到单个对象中，而不移除任何几何体。在相交对象的位置创建新边。

盖印：将图形轮廓（或相交边）打印到原始网格对象上。

图 5-19

切面：切割原始网格图形的面，只影响这些面。选定运算对象的面未添加到布尔结果中。

"显示"选项组：选择下面一个显示模式。

结果：只显示布尔运算而非单个运算对象的结果。

运算对象：显示定义布尔结果的运算对象。使用该模式编辑运算对象并修改结果。

"应用材质"选项组：选择下面一个材质应用模式。

应用运算对象材质：布尔运算产生的新面获取运算对象的材质。

保留原始材质：布尔运算产生的新面保留原始对象的材质。

"子对象运算"选项组：这些函数对在层次视图列表中高亮显示的运算对象进行运算。

提取选定对象：对在层次视图列表中高亮显示的运算对象应用运算。

移除：从布尔结果中移除在层次视图列表中高亮显示的运算对象。它本质上撤销了加到布尔对象中的高亮显示的运算对象，提取的每个运算对象都再次成为顶层对象。

复制：提取在层次视图列表中高亮显示的一个或多个运算对象的副本。原始的运算对象仍然是布尔运算结果的一部分。

实例：提取在层次视图列表中高亮显示的一个或多个运算对象的一个实例。对提取的这个运算对象的后续修改也会修改原始的运算对象，因此会影响布尔对象。

重排运算对象：在层次视图列表中更改高亮显示的运算对象的顺序。将重排的运算对象移动到"重排运算对象"按钮旁边的文本字段中列出的位置。

更改运算：为高亮显示的运算对象更改运算类型。

5.1.5 【实战演练】洗手盆

本例介绍使用"切角长方体、ProBoolean、长方体、线、圆环、放样、圆柱体、油罐"工具，结合使用"编辑多边形"修改器制作洗手盆模型。（最终效果参看光盘中的"场景>第 5 章>5.1.5 洗手盆.max"，见图 5-20。）

图 5-20

5.2 / 吸管

5.2.1 【案例分析】

吸管是一条圆柱状，中空的塑胶制品，其主要功能是用来饮用杯子中饮料，也有用来吸食一些烹饪好的动物长骨的骨髓，下面我们来介绍生活中经常用到喝汽水、果汁吸管模型的制作。

5.2.2 【设计理念】

创建星形图形，为图形设置"轮廓"作为放样的图形，并创建线作为放样路径，创建放样模型后，为模型设置"缩放"变形，并使用"可编辑多边形"缩放顶点。（最终效果参看光盘中的"场景>第 5 章>5.2 吸管.max"，见图 5-21。）

5.2.3 【操作步骤】

步骤 1 选择" （创建）> （图形）>线"工具，在"前"视图中创建样条线，如图 5-22 所示。

步骤 2 选择" （创建）> （图形）>圆环"工具，在"顶"视图中创建圆环，在"参数"卷展栏中设置"半径 1"为 5、"半径 2"为 5.5，如图 5-23 所示。

步骤 3 在场景中选择 Line001，选择" （创建）> （几何体）>复合对象>放样"按钮，在"创建方法"卷展栏中单击"获取图形"按钮，在场景中拾取圆环，创建放样模型，如图 5-24 所示。

图 5-21

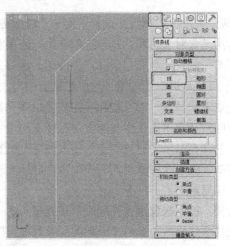

图 5-22

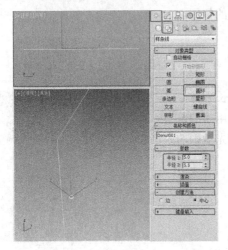

图 5-23

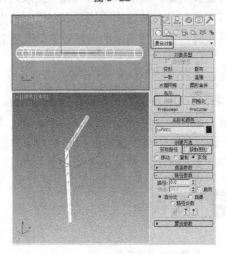

图 5-24

步骤 4 在场景中选择作为放样路径的图形，调整其形状，如图 5-25 所示。

步骤 5 继续调整缩放变形，直到满意为止，如图 5-26 所示。

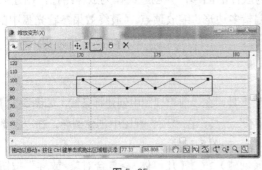

图 5-25

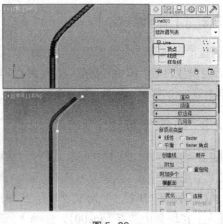

图 5-26

步骤 6 切换到 ![修改] （修改）命令面板，在"变形"卷展栏中单击"缩放"按钮，弹出"缩放变形"对话框。在弹出的对话框中单击 (插入角点)按钮,在曲线上插入控制点,使用 (移动控制点)来调整控制点的位置,如图 5-27 所示。

步骤 7 调整缩放变形后的效果,如图 5-28 所示。

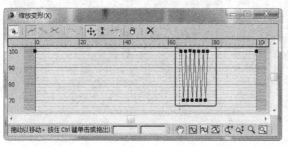

图 5-27

图 5-28

5.2.4 【相关工具】

"放样"工具

放样命令的用法主要分为两种:一种是单截面放样变形,只用一次放样变形即可制作出所需要的形体;另一种是多截面放样变形,用于制作较为复杂的几何形体,在制作过程中要进行多个路径的放样变形。

◎ 单截面放样变形

单截面放样变形是放样命令的基础,也是使用比较普遍的放样方法。

(1)在视图中创建一个星形和一条线,如图 5-29 所示。这两个二维图形可以随意创建。

(2)选择作为路径的线,单击" (创建)> (几何体)>复合对象>放样"按钮,命令面板中会显示放样的创建参数,如图 5-30 所示。

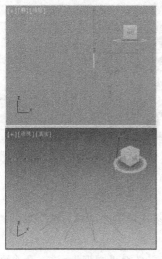

图 5-29

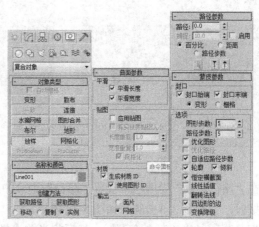

图 5-30

(3)单击"获取图形"按钮,在视图中单击星形,样条线会以星形为截面生成三维形体,如图 5-31 所示。

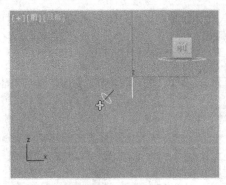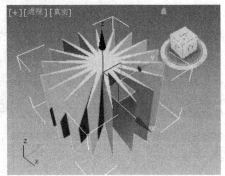

图 5-31

◎ 多截面放样变形

在路径的不同位置摆放不同的二维图形主要是通过在"路径参数"卷展栏中的"路径"文本框中输入数值或单击微调按钮（百分比、距离、路径步数）来实现。

在实际制作过程中，有一部分模型只用单截面放样是不能完成的，复杂的造型由不同的截面结合而成，所以就要用到多截面放样。

（1）在"顶"视图中分别创建圆和六角星图形作为放样图形，然后在"前"视图中创建弧作为放样路径，如图 5-32 所示。这几个二维图形可以随意创建。

（2）在视图中选择作为路径的弧，单击"⚙（创建）> ⚪（几何体）>复合对象>放样"按钮，在"创建方法"卷展栏中单击"获取图形"按钮，在视图中单击星形，这时二维图形变成了三维图形，如图 5-33 所示。

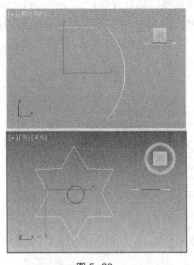

图 5-32

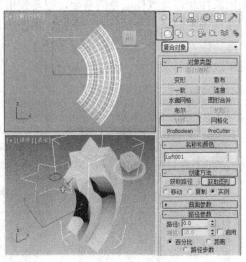

图 5-33

（3）在"路径参数"卷展栏中设置"路径"为 100，再次单击"创建方法"卷展栏中的"获取图形"按钮，在视图中单击圆，如图 5-34 所示。

（4）切换到 ☑（修改）命令面板，然后将当前选择集定义为"图形"，这时命令面板中会出现新的命令参数，如图 5-35 所示。

CHAPTER 5

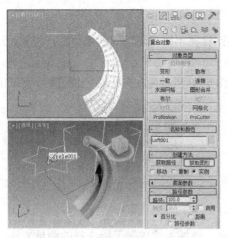
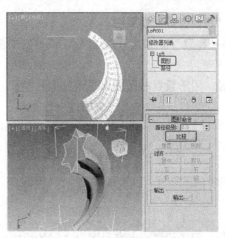

图 5-34　　　　　　　　　　　　　图 5-35

（5）在"图形命令"卷展栏中单击"比较"按钮，弹出"比较"窗口，如图 5-36 所示。

（6）在"比较"窗口中单击 （拾取图形）按钮，在视图中分别在放样模型两个截面图形的位置上单击，将两个截面拾取到"比较"窗口中，如图 5-37 所示。

在"比较"窗口中，可以看到两个截面图形的起始点，如果起始点没有对齐，可以使用 （选择并旋转）工具手动调整，使之对齐。

图 5-36　　　　　　　　　　　　　图 5-37

放样命令的参数由 5 部分组成，其中包括创建方法、路径参数、曲面参数、蒙皮参数和变形。

◎ "创建方法"卷展栏

"创建方法"卷展栏用于决定在放样过程中使用哪一种方式来进行放样，如图 5-38 所示。

获取路径：用于将路径指定给选定图形或更改当前指定的路径。

获取图形：用于将图形指定给选定路径或更改当前指定的图形。

图 5-38

移动：选择的路径或截面不产生复制品，这意味选择后的模型在场景中不独立存在，其他路经或截面无法再使用。

复制：选择后的路径或截面产生原型的一个复制品。

实例：选择后的路径或截面产生原型的一个关联复制品，关联复制品与原型间相关联，即对原型修改时，关联复制品也会改变。

提 示　　对于是先指定路径，再拾取截面图形，还是先指定截面图形，再拾取路径，本质上对造型的形态没有影响，只是因为位置放置的需要而选择不同的方式。

◎ "路径参数"卷展栏

"路径参数"卷展栏，可以控制沿着放样对象路径在不同间隔期间的多个图形位置，如图 5-39 所示。

路径：用于设置截面图形在路径上的位置。图 5-40 所示为在多个路径位置插入不同的图形。

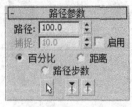

图 5-39

图 5-40

捕捉：用于设置沿着路径图形之间的恒定距离。该捕捉值依赖于所选择的测量方法，更改测量方法也会更改捕捉值以保持捕捉间距不变。

启用：当勾选"启用"选项时，"捕捉"处于活动状态。默认设置为禁用状态。

百分比：可将路径级别表示为路径总长度的百分比。

距离：可将路径级别表示为路径第一个顶点的绝对距离。

路径步数：可将图形置于路径步数和顶点上，而不是作为沿着路径的一个百分比或距离。

（拾取图形）：用来选取截面，使该截面成为作用截面，以便选取截面或更新截面。

（上一个图形）：用于转换到上一个截面图形。

（下一个图形）：用于转换到下一个截面图形。

◎ "变形"对话框

"变形"对话框中的选项功能介绍如下。

变形曲线首先作为使用常量值的直线。要生成更精细的曲线，可以插入控制点，并更改它们的属性。使用变形对话框工具栏中间的按钮，可以插入和更改变形曲线控制点。

（均衡）：均衡是一个动作按钮，也是一种曲线编辑模式，可以用于对轴和形状应用相同的变形。

（显示 x 轴）：仅显示红色的 x 轴变形曲线。

（显示 y 轴）：仅显示绿色的 y 轴变形曲线。

（显示 xy 轴）：同时显示 x 轴和 y 轴变形曲线，各条曲线使用各自的颜色。

（变换变形曲线）：在 x 轴和 y 轴之间复制曲线。此按钮在启用 Make Symmetrical（均衡）时是禁用的。

（移动控制点）：更改变形的量（垂直移动）和变形的位置（水平移动）。

（缩放控制顶点）：更改变形的量，而不更改位置。

（插入角点）：单击变形曲线上的任意处，可以在该位置插入角点控制点。

（删除控制点）：删除所选的控制点，也可以通过按 Delete 键来删除所选的点。

（重置曲线）：删除所有控制点（但两端的控制点除外），并恢复曲线的默认值。

数值字段：仅当选择了一个控制点时，才能访问这两个字段。第一个字段提供了点的水平位置，第二个字段提供了点的垂直位置（或值）。可以使用键盘编辑这些字段。

P（平移）：在视图中拖动，向任意方向移动。

（最大化显示）：更改视图放大值，使整个变形曲线可见。

（水平方向最大化显示）：更改沿路径长度进行的视图放大值，使得整个路径区域在对话框中可见。

（垂直方向最大化显示）：更改沿变形值进行的视图放大值，使得整个变形区域在对话框中显示。

（水平缩放）：更改沿路径长度进行的放大值。

（垂直缩放）：更改沿变形值进行的放大值。

（缩放）：更改沿路径长度和变形值进行的放大值，保持曲线纵横比。

（缩放区域）：在变形栅格中拖动区域，区域会相应放大，以填充变形对话框。

5.2.5　【实战演练】鱼缸

创建 3 个图形作为放样的 3 个截面，创建"线"作为放样路径，然后为模型施加"编辑多边形、平滑、壳、涡轮平滑"修改器，完成鱼缸模型的创建。（最终效果参看光盘中的"场景>第 5 章>5.2.5 鱼缸.max"，见图 5-41。）

图 5-41

5.3　综合演练——装饰画的制作

使用线创建图形作为放样的图形，矩形作为放样的路径，通过放样制作画框的框架；创建平面作为相片。（最终效果参看"场景>第 5 章>5.3 装饰画.max"，见图 5-42。）

图 5-42

5.4 综合演练——牵牛花的制作

　　牵牛花的制作主要是创建星形作为图形，然后为其创建一个路径，对图形进行"放样"，通过创建可渲染的样条线和螺旋线完成牵牛花的制作。（最终效果参看光盘中的"场景>第 5 章>5.4 牵牛花.max"，见图 5-43。）

图 5-43

第6章 材质与贴图

前面几章中讲解了利用 3ds Max 2014 创建模型的方法，好的作品除了模型之外还需要材质贴图的配合，材质与贴图是三维创作中非常重要的环节，它的重要性和难度丝毫不亚于建模。读者通过本章的学习，应掌握材质编辑器的参数设定，常用材质和贴图，以及结合"UVW 贴图"的使用方法。

材质是三维世界的一个重要概念，是对现实世界中各种材料视觉效果的模拟。本章将主要讲解材质编辑器和材质参数设置。读者通过本章的学习，可以掌握材质编辑器的使用方法，了解材质制作的流程，充分认识材质与贴图的联系及其重要性。

课堂学习目标

- 材质编辑器
- 材质的参数设置
- 常用材质简介
- 常用贴图

6.1 白色瓷器质感

6.1.1 【案例分析】

瓷器是日常生活中最为常见的一种材质，瓷器的形成主要是通过窑内高温烧制。

6.1.2 【设计理念】

本案例介绍白色瓷器材质的制作方法。首先设置材质为"光线跟踪"材质，然后设置材质的"漫反射"和"反射"的颜色。（最终效果参看光盘中的"场景>第 6 章>6.1 白色瓷器质感.max"，见图 6-1。）

6.1.3 【操作步骤】

步骤 1 首先打开场景文件（光盘中的"场景>第 6 章>6.1 白色瓷器质感 o.max"），如图 6-2 所示。

步骤 2 在场景中选择花瓶，在工具栏中单击 （材质编辑器）按钮，打开"Slate 材质编辑器"面板，在菜单栏中可以与精简材质编辑器进行转换，如图 6-3 所示。

步骤 3 转换到精简材质编辑器后，选择一个新的材质样本球，单击"Standard"按钮，在弹出的"材质/贴图浏览器"中选择"光线跟踪"贴图，单击"确定"按钮，如图6-4所示。

图 6-1 图 6-2

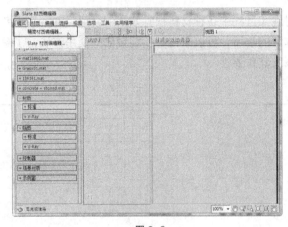

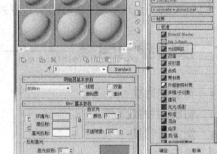

图 6-3 图 6-4

步骤 4 在"光线跟踪基本参数"卷展栏中设置"漫反射"的色块红绿蓝为255、255、255，如图6-5所示。

步骤 5 在工具栏中单击 (快速渲染) 按钮渲染场景，如图6-6所示。渲染出图形后单击 (保存位图) 按钮，在弹出的对话框中为图形命名，并选择"保存类型"。

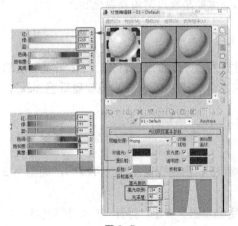

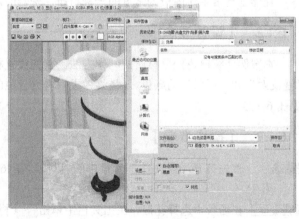

图 6-5 图 6-6

6.1.4 【相关工具】

1. Slate 材质编辑器与精简材质编辑器

3ds Max 2014 的材质编辑器是一个独立的模块，可以通过"渲染 > 材质编辑器"命令打开材质编辑器，也可以在工具栏中单击 （材质编辑器）按钮（或使用快捷键 M）打开材质编辑器。"Slate 材质编辑器"如图 6-7 所示。

Slate 材质编辑器是一个具有多个元素的图形界面。

按住 按钮，弹出隐藏的 （材质编辑器）按钮，弹出精简的"材质编辑器"面板，如图 6-8 所示。

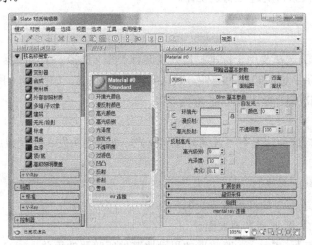

图 6-7

图 6-8

2. 材质编辑器界面

下面以最为常用的精简材质编辑器的界面进行介绍。

（1）标题栏用于显示当前材质的名称，如图 6-9 所示。

（2）菜单栏将最常用的材质编辑命令放在其中，如图 6-10 所示。

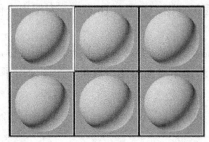

图 6-9

图 6-10

（3）实例窗用于显示材质编辑的情况，如图 6-11 所示。

（4）工具按钮行用于进行快捷操作，如图 6-12 所示。

图 6-11

图 6-12

（5）参数控制区用于编辑和修改材质效果，如图 6-13 所示。

下面简单地介绍常用的工具按钮。

（获取材质）按钮：用于从材质库中获取材质，材质库文件为.mat 文件。

（将材质指定给选定对象）按钮：用于指定材质。

（视口中显示明暗处理）按钮：用于在视图中显示贴图。

（转到父对象）按钮：用于返回材质上一层。

（转到下一个同级项）按钮：用于从当前材质层转到同一层的另一个贴图或材质层。

（背景）按钮：用于增加方格背景，常用于编辑透明材质。

（按材质选择）按钮：用于根据材质选择场景物体。

+	明暗器基本参数
+	Blinn 基本参数
+	扩展参数
+	超级采样
+	贴图
+	mental ray 连接

图 6-13

3. "明暗器基本参数"卷展栏

"明暗器基本参数"卷展栏可用于选择要用于标准材质的明暗器类型，选择一个明暗器。材质的"基本参数"卷展栏可更改为显示所选明暗器的控件。默认明暗器为 Blinn，如图 6-14 所示。

Blinn：适用于圆形物体，这种情况高光要比 Phong 着色柔和。

金属：适用于金属表面。

各向异性：适用于椭圆形表面，这种情况有"各向异性"高光。如果为头发、玻璃或磨砂金属建模，这些高光很有用。

多层：适用于比各向异性更复杂的高光。

Oren-Nayar-Blinn：适用于无光表面（如纤维或赤土）。

Phong：适用于具有强度很高的、圆形高光的表面。

Strauss：适用于金属和非金属表面。Strauss 明暗器的界面比其他明暗器的简单。

半透明明暗器：与 Blinn 着色类似，"半透明"明暗器也可用于指定半透明，这种情况下光线穿过材质时会散开。

线框：以线框模式渲染材质。用户可以在扩展参数上设置线框的大小，如图 6-15 所示。

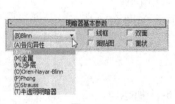

图 6-14

图 6-15

双面：使材质成为 2 面。将材质应用到选定面的双面，如图 6-16 所示，左图为未使用双面选项，右图为勾选双面选项。

面贴图：将材质应用到几何体的各面。如果材质是贴图材质，则不需要贴图坐标，贴图会自动应用到对象的每一面。如图 6-17 所示，左图为未使用"面贴图"效果，右图使用了"面贴图"效果。

面状：就像表面是平面一样，渲染表面的每一面。

图 6-16   图 6-17

4."基本参数"卷展栏

"基本参数"卷展栏因所选的明暗器而异。下面以"Blinn 基本参数"卷展栏为例,介绍常用的工具和命令,如图 6-18 所示。

环境光:控制"环境光"颜色。"环境光"颜色是位于阴影中的颜色(间接灯光)。

漫反射:控制"漫反射"颜色。"漫反射"颜色是位于直射光中的颜色。

高光反射:控制"高光反射"颜色。"高光反射"颜色是发光物体高亮显示的颜色。

自发光:"自发光"使用漫反射颜色替换曲面上的阴影,从而创建白炽效果。当增加"自发光"时,"自发光"颜色将取代环境光。如图 6-19 所示,左图的"自发光"参数为 0,右图的"自发光"参数为 80。

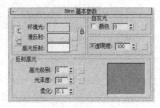   

图 6-18   图 6-19

不透明度:控制材质是不透明、透明,还是半透明。

高光级别:影响反射高光的强度。随着该值的增大,高光将越来越亮。

光泽度:影响反射高光的大小。随着该值的增大,高光将越来越小,材质将变得越来越亮。

柔化:柔化反射高光的效果。

5."贴图"卷展栏

"贴图"卷展栏包含每个贴图类型的宽按钮。单击此按钮,可选择磁盘上存储的位图文件,或者选择程序性贴图类型。选择位图之后,它的名称和类型会出现在按钮上。使用按钮左边的复选框,禁用或启用贴图效果,如图 6-20 所示。下面介绍常用的集中贴图类型。

漫反射颜色:可以选择位图文件或程序贴图,以将图案或纹理指定给材质的漫反射颜色。

自发光:可以选择位图文件或程序贴图来设置自发光值的贴图,这样将使对象的部分出现发光。例如,贴图的白色区域渲染为完全自发光;不使用自发光渲染黑色区域;灰色区域渲染为部分自发光,具体情况取决于灰度值。

图 6-20

不透明度：可以选择位图文件或程序贴图来生成部分透明的对象。贴图的浅色（较高的值）区域渲染为不透明；深色区域渲染为透明；之间的值渲染为半透明。

反射：设置贴图的反射，可以选择位图文件设置金属和瓷器的反射图像。

折射：折射贴图类似于反射贴图。它将视图贴在表面上，这样图像看起来就像透过表面所看到的一样，而不是从表面反射的样子。

6. "光线跟踪"材质

◎ "光线跟踪基本参数"卷展栏

"光线跟踪基本参数"卷展栏如图 6-21 所示。

明暗处理：这里提供了 5 种着色方式，即 Phong、Blinn、金属、Oren-Nayar-Blinn 和各向异性。

发光度：与标准材质中的自发光设置近似。

折射率：设置材质折射光线的强度。

环境：允许特殊指定一张环境贴图，超越全局的环境贴图设置。默认的反射和透明都使用场景的环境贴图，一旦在这里进行环境贴图的设置，将会取代原来的设置。利用这个特性，可以单独为场景中的对象指定不同的环境贴图，或者在一个没有环境的场景中为对象指定虚拟的环境贴图。

凹凸：与标准材质类型的凹凸贴图相同。

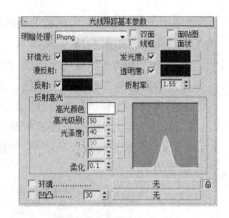

图 6-21

 提 示 相同的参数及命令参照前面的介绍。

◎ "扩展参数"卷展栏

"扩展参数"卷展栏，如图 6-22 所示。

附加光：增减对象表面的光照，可以把它当作在基本材质基础上的一种环境照明色，但不要与基本参数中的"环境光"混淆。通过为它指定颜色或贴图，可以模拟场景对象的反射光线在其他对象上产生出渗出光的效果。例如，一件白衬衫靠近橘黄色的墙壁时，会被反射上橘黄色。

半透明：创建半透明效果。半透明颜色是一种无方向性的"漫反射"，对象上的漫反射区颜色取决于表面法线与光源位置间的角度，而半透明颜色则是通过忽视表面法线的校对来模拟半透明材质的。

荧光：创建一种荧光材质效果，使得在黑暗的环境下也可以显现色彩和贴图，通过"荧光偏移"值可以调节荧光的强度。

"线框"选项组：当指定材质为"线框"效果时，从该组中设置线框的属性。

"高级照明"选项组：这里提供了更多的透明效果控制。

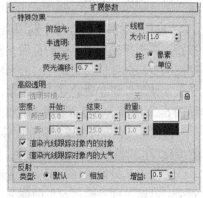

图 6-22

透明环境：环境贴图，但专为透明折射服务，用指定的环境贴图替代场景原有的环境贴图。

密度：专用于透明材质的控制，如果对象不透明，则不会产生效果。

颜色：根据对象厚度设置传播颜色。"过滤颜色"用于对透明对象背后的景物进行染色处理，而此处的密度颜色是对透明体内部进行染色处理，就像制作一块彩色玻璃。使用"数量"值控制密度颜色的强度。密度颜色根据对象的厚度而表现出不同的效果，厚的玻璃要浑浊一些，薄的玻璃要透亮一些，这些依靠"开始"和"结束"值来设置。

雾：密度雾与密度颜色相同，也是以对象厚度为基础产生的影响，用一种不透明自发光的雾填充在透明体内部，就好像玻璃中的烟、蜡烛顶部透亮的区域、氖管中发光的雾气等。

渲染光线跟踪对象内的对象：设置附有光线跟踪材质的透明对象内部是否进行光线跟踪计算。

渲染光线跟踪对象内的大气：当大气效果位于一个具有光线跟踪材质的对象内部时，确定是否进行内部的光线跟踪计算。

反射：提供在反射之外更好的控制。

默认：在默认状态下，反射与漫反射是分层的。

增加：反射附加在漫反射之上。这种状态下，漫反射总是可视的。

增益：控制反射的亮度。增益值越低，反射亮度越高。

◎ "光线跟踪器控制"卷展栏

"光线跟踪器控制"卷展栏如图 6-23 所示。

启用光线跟踪：设置是否进行光线跟踪计算。

光线跟踪大气：设置是否对场景中的大气效果进行光线跟踪计算。

启用自反射/折射：设置是否使用自身反射/折射。不同的对象要区别对待，有些对象不需要自身反射/折射。

反射/折射材质 ID 号：如果为一个光线跟踪材质指定了材质 ID 号，并且在"视频合成器"或者特效编辑器中根据其材质 ID 号指定特殊效果，这

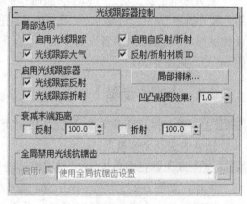

图 6-23

个设置就是控制是否对其反射和折射的图像也进行特技处理，即对 ID 号的设置也进行反射/折射。

"启用光线跟踪器"选项组：这里提供两项开关控制，可以确定光线跟踪材质是否进行反射和折射的计算，默认时都为开启状态，对于不需要的效果，关闭它的选项可以节省渲染时间。

光线跟踪反射：控制进行光线跟踪反射计算的开关。

光线跟踪折射：控制进行光线跟踪折射计算的开关。

局部排除：显示"自身排除/包含"对话框，允许指定场景中的对象不进入光线跟踪计算，被自身排除的对象只从当前的材质中排除。使用排除方法是加速光线跟踪最简单的方法之一。

凹凸贴图效果：调节凹凸贴图在光线跟踪反射与光线跟踪折射上的效果。

反射：在当前距离上暗淡反射效果至黑色。

折射：在当前距离上暗淡折射效果至黑色。

全部禁用光线抗锯齿：忽略全局抗锯齿设置，为当前光线跟踪材质和贴图设置自身的抗锯齿方式。

6.1.5 【实战演练】塑料质感

塑料材质与瓷器材质基本相同，塑料材质在设置"漫反射"和"反射"的颜色红绿蓝的同时，还为"透明度"设置了颜色参数，完成透明的塑料效果，如图 6-24 所示。（最终效果参看光盘中的"场景>第 6 章>6.1.5 塑料质感.max"，见图 6-24。）

图 6-24

6.2 玻璃质感

6.2.1 【案例分析】

玻璃是一种无规则结构的非晶态固体。玻璃的用途很多，可以作为窗玻璃，也可以制作各种饰物以及玻璃砖、玻璃纸等各种形态。

6.2.2 【设计理念】

玻璃材质主要是通过 VRay 材质制作的，其中主要设置"反射"和"折射"的色块颜色，以及"烟雾颜色"，来完成玻璃效果的制作。（最终效果参看光盘中的"场景>第 6 章>6.2 玻璃质感.max"，见图 6-25。）

图 6-25

6.2.3 【操作步骤】

步骤 1 首先打开场景文件（光盘中的"场景>第 6 章>6.2 玻璃质感.max"），如图 6-26 所示，在场景中选择装饰模型。

步骤 2 在工具栏中单击 （材质编辑器）按钮，打开材质编辑器，从中选择一个新的材质样本球，如图 6-27 所示。单击 Standard 按钮，在弹出的对话框中选择"材质/贴图浏览器"对话框，从中选择 VRayMtl 材质，单击"确定"按钮。

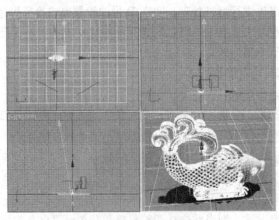

图 6-26

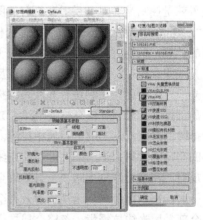

图 6-27

步骤 3 转换为 VRayMtl 材质，在"基本参数"卷展栏中设置"反射"组中的色块红绿蓝为 35、35、35，设置"反射光泽度"为 0.85、"细分"为 8，如图 6-28 所示。

步骤 4　在"折射"组中设置"烟雾颜色"的色块红绿蓝为 255、148、148，勾选"影响阴影"选项，如图 6-29 所示。

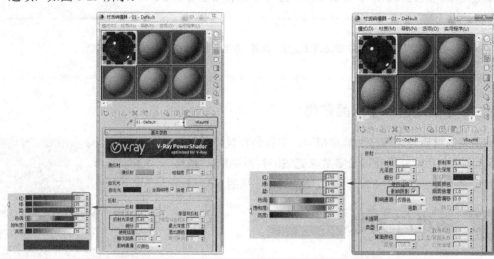

图 6-28　　　　　　　　　　　　　　　　　图 6-29

步骤 5　设置完参数后单击 （将材质指定给选定对象）按钮，将材质指定给装饰模型。

6.2.4　【相关工具】

VRayMtl 材质

VRayMtl 材质是仿真材质，制作出的效果很真实，而且 VRay 渲染器插件已经逐渐占领了三维软件的渲染器。

下面介绍 VRayMtl 材质的"基本参数"卷展栏。图 6-30 所示为最常用的重要参数。

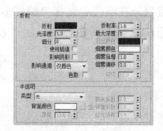

图 6-30

漫反射：相当于物体本身的颜色。

自发光：可以设置模型的自发光效果，相当于标准材质的自发光参数。

全局照明：勾选该选项，可以设置的自发光材质影响场景的明暗。

倍增：设置全局照明的倍增参数。

反射：黑与白的过渡，受颜色的影响很小，越黑反射越小，反之越白反射越大。

折射：有透明、半透明和折射 3 个选项。当光线可以穿透物体时，这个物体肯定时透明的。纸张、塑料、蜡烛等物体在光的照射下背光部分会出现"透光"现象即为半透明。

烟雾颜色：设置透明材质的颜色。

烟雾倍增：通过设置倍增参数可以设置透明材质颜色的强度。

> **提 示** 玻璃材质主要是通过设置"折射"参数，折射为白色即是透明的材质。

6.2.5 【实战演练】水晶装饰

水晶装饰材质与玻璃材质基本相同，主要是设置"反射"和"漫反射"的色块红绿蓝以及参数来完成的材质制作。（最终效果参看"场景>第 6 章>6.2.5 水晶装饰.max"，见图 6-31。）

6.3 多维/子对象

6.3.1 【案例分析】

"多维/子对象"材质在 3ds Max 中应用广泛，主要应用于对几何体的子对象级别分配不同的材质。

6.3.2 【设计理念】

在场景中选择设置"多维/子对象"的模型，设置模型的材质 ID，并为其设置"多维/子对象"材质，"设置数量"为 2，并单独设置子材质。（最终效果参看光盘中的"场景>第 6 章>6.3 多维、子对象.max"，见图 6-32。）

6.3.3 【操作步骤】

步骤 1 首先打开场景文件（光盘中的"场景>第 6 章>6.3 多维/子对象 o.max"），如图 6-33 所示，在场景中选择模型。在堆栈中选择"编辑多边形"修改器，将选择集定义为"多边形"，在场景中选择如图 6-33 所示的多边形，在"多边形属性"卷展栏中，设置"设置 ID"为 1。

图 6-31

图 6-32

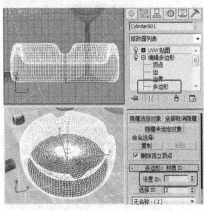

图 6-33

步骤 2 按 Ctrl+I 组合键在场景中反选多边形，设置"设置 ID"为 2，如图 6-34 所示。

步骤 3　打开材质编辑器，选择一个新的材质样本球，单击 Standard 按钮，在弹出的"材质/贴图浏览器"中选择"多维/子对象"材质，单击"确定"按钮，如图 6-35 所示。

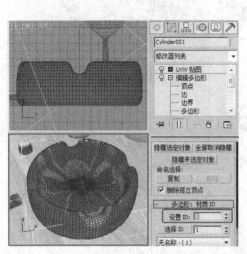

图 6-34

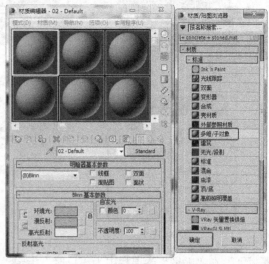

图 6-35

步骤 4　在"多维/子对象基本参数"卷展栏中单击"设置数量"按钮，在弹出的对话框中设置"材质数量"为 2，单击"确定"按钮，如图 6-36 所示。

步骤 5　在"多维/子对象基本参数"卷展栏中单击（1）号材质后的"无"按钮，在弹出的"材质/贴图浏览器"中选择 VRayMtl 材质，单击"确定"按钮，如图 6-37 所示。

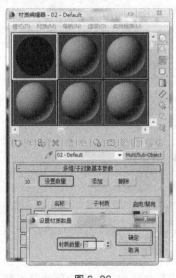

图 6-36

图 6-37

步骤 6　进入（1）号材质设置面板，在"基本参数"卷展栏中设置"反射"组中的"反射光泽度"为 1、"细分"为 15，如图 6-38 所示。

步骤 7　设置"折射"组中的色块红绿蓝为 255、255、255，设置"细分"为 15，"烟雾颜色"的红绿蓝为 128、128、128，"烟雾倍增"为 0，如图 6-39 所示。

中等职业教育数字艺术类规划教材

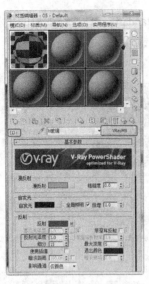

图 6-38

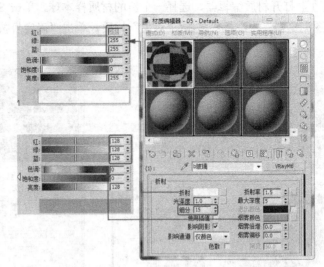

图 6-39

步骤 8 在"贴图"卷展栏中为"反射"指定"衰减"贴图，如图 6-40 所示。

步骤 9 进入衰减贴图层级面板，在"衰减参数"卷展栏中设置第一个色块的红绿蓝为 8、8、8，设置第二个色块的红绿蓝为 128、128、128，如图 6-41 所示。

步骤 10 单击 (转到父对象) 按钮，回到主菜单面板，在"多维/子对象基本参数"卷展栏中为（2）号材质指定 VRayMtl 材质。

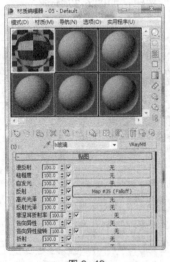

图 6-40

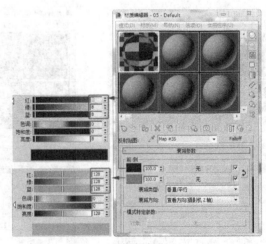

图 6-41

步骤 11 进入（2）号材质面板，在"基本参数"卷展栏中设置"反射"组中的色块红绿蓝为 35、35、35，设置"反射光泽度"为 0.8、"细分"为 7，如图 6-42 所示。

步骤 12 在"贴图"卷展栏中为"漫反射"指定"位图"贴图，贴图位于随书附带光盘"光盘文件>贴图>京剧脸谱.jpg"图像文件，如图 6-43 所示。

步骤 13 在场景中选择烟灰缸模型，单击 (将材质指定给选定对象) 按钮，将材质指定给烟灰缸模型。

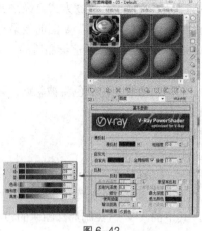

图 6-42

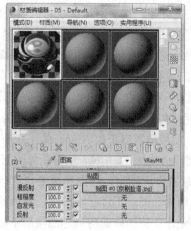

图 6-43

6.3.4 【相关工具】

1. "多维/子对象" 材质

使用 "多维/子对象" 材质可以采用几何体的子对象级别分配不同的材质。创建多维材质，将其指定给对象，并使用网格选择修改器选中面，然后选择多维材质中的子材质指定给选中的面，或者为选定的面指定不同的材质 ID 号，并设置对应 ID 号的材质。图 6-44 所示为 "多维/子对象基本参数" 卷展栏。

"设置数量" 按钮：单击该按钮，在弹出的对话框中设置子材质的数量。

"添加" 按钮：单击该按钮可将新子材质添加到列表中。

2. "位图" 贴图

在 "贴图" 卷展栏中单击 "位图" 后的 None 按钮，在弹出的对话框中选择 "位图" 贴图，再在弹出的对话框中选择 3ds Max 2014 支持的位图文件，进入位图贴图设置面板。

◎ "位图参数" 卷展栏

"位图参数" 卷展栏如图 6-45 所示。

图 6-44

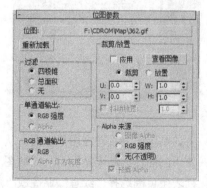

图 6-45

重新加载：按照相同的路径和名称重新将上面的位图调入，这主要是因为在其他软件中对该图做了改动，重加载它才能使修改后的效果生效。

"过滤"选项组：确定对位图进行抗锯处理的方式。"四棱锥"过滤方式已经足够了。过滤方式提供更加优秀的过滤效果，只是会占用更多的内存，如果对"凹凸"贴图的效果不满意，可以选择这种过滤方式，效果非常优秀，这是提高 3ds Max 2014 凹凸贴图渲染品质的一个关键参数，不过渲染时间也会大幅增长。

RGB 强度：使用红、绿、蓝通道的强度作用于贴图。像素点的颜色将被忽略，只使用它的明亮度值，彩色将在 0(黑)～255(白)级的灰度值之间进行计算。

Alpha：使用贴图自带的 Alpha 通道的强度进行作用。

Alpha 作为灰度：以 Alpha 通道图像的灰度级别来显示色调。

"裁剪/放置"选项组：贴图参数中非常有力的一种控制方式，它可以在贴图中任意一个部分进行裁剪，作为贴图。不过在裁剪后，必须勾选"应用"复选框才起作用。

裁剪：允许在位图内裁剪局部图像用于贴图，其下的 UV 值控制局部图像的相对位置，WH 值控制局部图像的宽度和高度。

放置：其下的 UV 值控制缩小后的位图在原位图上的位置，这同时影响贴图在物体表面的位置，WH 值控制位图缩小的长宽比例。

抖动放置：针对"放置"方式起作用，这时缩小位图的比例和尺寸，由系统提供的随机值来控制。

查看图像：单击该按钮，会弹出一个虚拟图像设置框，可以直观地进行剪切和放置操作，如图 6-46 所示，如果"应用"复选框启用，可以在样本球上看到裁剪的部分被应用。

图像 Alpha：如果该图像具有 Alpha 通道，将使用它的 Alpha 通道。

RGB 强度：将彩色图像转化的灰度图像作为透明通道的来源。

无(不透明)：不使用透明信息。

预乘 Alpha：确定以何种方式来处理位图的 Alpha 通道，默认为开启状态，如果将它关闭，RGB 值将被忽略，只有发现不重复贴图不正确时再将它关闭。

◎ "坐标"卷展栏

"坐标"卷展栏如图 6-47 所示。

图 6-46

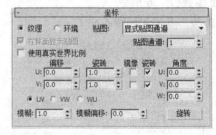

图 6-47

纹理：将该贴图作为纹理应用于表面。从"贴图"列表中选择坐标类型。

环境：使用贴图作为环境贴图。从"贴图"列表中选择坐标类型。

贴图：列表条目因选择"纹理"贴图或"环境"贴图而异，如图 6-48 所示。

显式贴图通道：使用任意贴图通道。如选中该字段，贴图通道字段将处于活动状态，可选择从 1 到 99 的任意通道。

顶点颜色通道：顶点颜色通道使用指定的顶点颜色作为通道。可以使用顶点绘制修改器、指定顶点颜色工具指定顶点颜色，也可以使用可编辑网格顶点控件、可编辑多边形顶点控件或者可编辑多边形顶点控件指定顶点颜色。

对象 XYZ 平面：使用基于对象的本地坐标的平面贴图（不考虑轴点位置）。用于渲染时，除非启用"在背面显示贴图"，否则平面贴图不会投影到对象背面。

世界 XYZ 平面：使用基于场景的世界坐标的平面贴图（不考虑对象边界框）。用于渲染时，除非启用"在背面显示贴图"，否则平面贴图不会投影到对象背面。

"球形环境""圆柱形环境""收缩包裹环境"：将贴图投影到场景中，就像将其贴到背景中的不可见对象上一样，如图 6-49 所示。

图 6-48

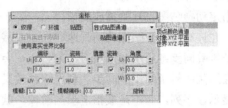

图 6-49

屏幕：屏幕投影为场景中的平面背景。

在背面显示贴图：启用此选项后，平面贴图（对象 XYZ 平面或者带有"UVW 贴图"修改器）将被投影到对象的背面，并且能对其进行渲染。禁用此选项后，不能在对象背面对平面贴图进行渲染。默认设置为启用。

使用真实世界比例：启用此选项之后，使用真实宽度和高度值而不是 UV 值，将贴图应用于对象。默认设置为禁用。

偏移：在 UV 坐标中更改贴图的位置，移动贴图以符合它的大小。

瓷砖：决定贴图沿每根轴平铺（重复）的次数。

"镜像"：从左至右（U 轴）和/或从上至下（V 轴）镜像贴图。

"角度"：通过 UVW 设置贴图旋转的角度。

UV、VW、WU：更改贴图使用的贴图坐标系。默认的 UV 坐标将贴图作为幻灯片投影到表面。VW 坐标与 WU 坐标用于对贴图进行旋转，使其与表面垂直。

旋转：显示图解的旋转贴图坐标对话框，用于通过在弧形球图上拖动来旋转贴图（与用于旋转视口的弧形球相似，虽然在圆圈中拖动是绕全部 3 个轴旋转，而在其外部拖动则仅绕 W 轴旋转）。

模糊：基于贴图离视图的距离影响贴图的锐度或模糊度。

模糊偏移：影响贴图的锐度或模糊度，而与贴图离视图的距离无关。"模糊偏移"模糊对象空间中自身的图像。如果需要对贴图的细节进行软化处理或者散焦处理以达到模糊图像的效果时，使用此选项。

◎ "噪波"卷展栏

"噪波"卷展栏如图 6-50 所示。

启用：决定"噪波"参数是否影响贴图。

图 6-50

数量：设置分形功能的强度值，以百分比表示。如果数量为 0，则没有噪波。如果数量为 100，贴图将变为纯噪波。默认设置为 1.0。

级别："级别"或迭代次数应用函数的次数。数量值决定了层级的效果。数量值越大，增加层级值的效果就越强，范围为 1～10，默认设置为 1。

大小：设置噪波函数相对于几何体的比例。如果值很小，那么噪波效果相当于白噪声。如果值很大，噪波尺度可能超出几何体的尺度。如果出现这样的情况，将不会产生效果或者产生的效果不明显。

动画：决定动画是否启用噪波效果。如果要将噪波设置为动画，必须启用此参数。

相位：控制噪波函数的动画速度。

◎ **"时间"卷展栏**

"时间"卷展栏如图 6-51 所示。

开始帧：指定动画贴图将开始播放的帧。

播放速率：允许对应用于贴图的动画速率加速或减速。

图 6-51

将帧与粒子年龄同步：启用此选项后，3ds Max 会将位图序列的帧与贴图应用到的粒子的年龄同步。利用这种效果，每个粒子从出生开始显示该序列，而不是被指定于当前帧。默认设置为禁用状态。

"结束条件"选项组：如果位图动画比场景短，则确定其最后一帧后所发生的情况。

循环：使动画反复循环播放。

往复：反复地使动画向前播放，然后向回播放，从而使每个动画序列平滑循环。

保持：冻结位图动画的最后一帧。

◎ **"输出"卷展栏**

"输出"卷展栏如图 6-52 所示。

反转：反转贴图的色调，使之类似彩色照片的底片。默认设置为禁用状态。

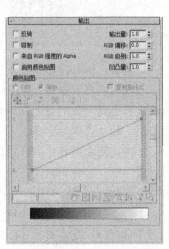

图 6-52

输出量：控制要混合为合成材质的贴图数量。

钳制：启用该选项之后，此参数限制比 1.0 小的颜色值。当增加 RGB 级别时，启用此选项，但此贴图不会显示出自发光。默认设置为禁用状态。

RGB 偏移：根据微调器所设置的量增加贴图颜色的 RGB 值，此项对色调的值产生影响。最终贴图会变成白色并有自发光效果。降低这个值减少色调，使之向黑色转变。

来自 RGB 强度的 Alpha：启用此选项后，会根据在贴图中 RGB 通道的强度生成一个 Alpha 通道。黑色变得透明，而白色变得不透明，中间值根据它们的强度变得半透明。

RGB 级别：根据微调器所设置的量使贴图颜色的 RGB 值加倍，此项对颜色的饱和度产生影响。

启用颜色贴图：启用此选项来使用颜色贴图。默认设置为禁用状态。

凹凸量：调整凹凸的量。

"颜色贴图"选项组：当"启用颜色贴图"选项处于启用状态时可用。

单色：将贴图曲线分别指定给每个 RGB 过滤通道（RGB）或合成通道（单色）。

复制曲线点：启用此选项后，当切换到 RGB 图时，将复制添加到单色图的点。如果是对 RGB 图进行此操作，这些点会被复制到单色图中。

6.3.5 【实战演练】樱桃材质

打开场景文件，在场景中选择樱桃模型，为樱桃设置材质 ID 号，并为模型设置多维/子对象材质。（最终效果参看光盘中的"场景>第 6 章>6.3.5 樱桃材质.max"，见图 6-53。）

6.4 VRay 灯光材质

6.4.1 【案例分析】

VR 灯光材质是 VRay 渲染的一种发光材质。

图 6-53

6.4.2 【设计理念】

本案例介绍 VR 灯光材质，其中主要是将材质设置为发光材质，材质的倍增和颜色即可完成灯光材质效果。（最终效果参看光盘中的"场景>第 6 章>6.4VRay 灯光材质"，见图 6-54。）

6.4.3 【操作步骤】

步骤 1　打开场景文件（光盘中的"场景>第 6 章>6.4VRay 灯光材质 o.max"），如图 6-55 所示，在场景中选择模型。

步骤 2　打开材质编辑器，选择一个新的材质样本球，将材质转换为"VR 灯光材质"，使用默认的参数，如图 6-56 所示。

步骤 3　渲染场景得到如图 6-57 所示的效果。

图 6-54

图 6-55

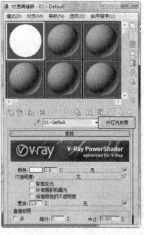

图 6-56

图 6-57

步骤 4　适当地调整倍增，可以看到该材质可以影响场景的照明效果。图 6-58 所示为倍增为 3 的场景效果。

步骤 5　通过调整色块的颜色可以更改发光模型的颜色，如图 6-59 所示。用户可以根据自己的喜好设置颜色，完成的效果如图 6-54 所示。

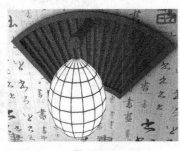

图 6-58

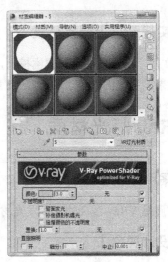

图 6-59

6.4.4 【相关工具】

VR 灯光材质

下面介绍 VR 灯光材质常用的参数。图 6-60 所示为"参数"卷展栏。

颜色：通过后面的色块设置发光的颜色，通过在文本框中输入数值，可以设置发光材质的发光倍增；"无"按钮，可以为发光材质指定贴图。

不透明度：在"无"按钮上指定不透明的遮罩贴图。在黑白贴图中，白色为发光部分黑色为遮罩部分。

背面发光：勾选该选项可以设置对立面的发光效果。

6.4.5 【实战演练】发光灯罩

发光灯罩是由"VR 发光材质"设置完成的，并为其"颜色"指定位图贴图来完成的效果。（最终效果参看光盘中的"场景>第 6 章>6.4.5 发光灯罩.max"，见图 6-61。）

图 6-60

图 6-61

6.5 综合演练——木纹材质

本例木纹是一个简单的无漆木纹材质，其主要是为 VRayMtl 材质的"漫反射"指定木纹"位图"。（最终效果参看光盘中的"场景>第 6 章>6.5 木纹材质.max"，见图 6-62。）

图 6-62

6.6 综合演练——金属材质

金属材质主要是设置 VRayMtl 材质的"漫反射"和"反射"的色块以及参数，完成金属材质的设置。（最终效果参看光盘中的"场景>第 6 章>6.6 金属材质.max"，见图 6-63。）

图 6-63

第7章 灯光与摄影机

灯光的主要目的是对场景产生照明、烘托场景气氛和产生视觉冲击。产生照明是由灯光的亮度决定的，烘托气氛是由灯光的颜色、衰减和阴影决定的，产生视觉冲击是结合前面建模和材质，并配合灯光摄影机的运用来实现的。

一幅好的效果图需要好的观察角度，让人一目了然，因此调节摄影机是进行工作的基础。

课堂学习目标

- 场景的布光
- 摄影机的创建

7.1 天光的应用

7.1.1 【案例分析】

"天光"灯光建立日光的模型，意味着与光跟踪器一起使用。

7.1.2 【设计理念】

打开场景后为场景创建"天光"，并结合使用"高级照明>光跟踪器"命令来完成。（最终效果参看光盘中的"场景>第 7 章>7.1 天光的应用.max"，见图 7-1。）

7.1.3 【操作步骤】

图 7–1

步骤 1 首先打开场景文件（光盘中的"场景>第 7 章>7.1 天光的应用 o.max"），选择" （创建）> （灯光）>标准> 天光"工具，在"顶"视图中创建天光，如图 7-2 所示。在"天光参数"卷展栏中设置"倍增"为 1.2，设置"天空颜色"的红绿蓝为 255、252、242。

步骤 2 在工具栏中单击 （渲染设置）按钮，在弹出的对话框中选择"高级照明"选项卡，在"选择高级照明"卷展栏中选择"光跟踪器"，如图 7-3 所示。

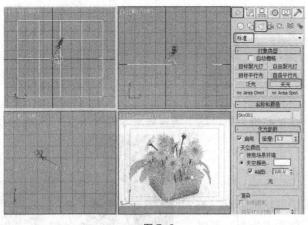

图 7-2　　　　　　　　　　　　　　　　　　　图 7-3

7.1.4 【相关工具】

"天光"工具

"天光"灯光建立日光的模型，意味着与"光跟踪器"一起使用。

"天光参数"卷展栏如图 7-4 所示。

启用：启用和禁用灯光。

倍增：将灯光的功率放大一个正或负的量。

使用场景环境：使用"环境"面板上的环境设置的灯光颜色。

天空颜色：单击色样可显示颜色选择器，并选择为天光染色。

贴图：可以使用贴图影响天光颜色。

投影阴影：使天光投射阴影。

每采样光线数：用于计算落在场景中指定点上天光的光线数。

光线偏移：对象可以在场景中指定点上投射阴影的最短距离。

图 7-4

7.1.5 【实战演练】创建灯光

本例介绍为盘子创建灯光。打开场景后创建"天光"，并结合使用"光跟踪器"设置场景来完成。（最终效果参看光盘中的"场景>第 7 章>7.1.5 创建灯光.max"，见图 7-5。）

图 7-5

7.2 场景布光

7.2.1 【案例分析】

在一个场景完成后，要结合材质、灯光和摄影机，这个场景效果才能够完整。下面介绍场景中摄影机和灯光的布置。

7.2.2 【设计理念】

打开场景后，调整视图，以"从视图创建摄影机"的方式创建摄影机，创建"目标聚光灯"作为主光源，创建"泛光灯"作为场景的补光。（最终效果参看光盘中的"场景>第 7 章>7.2 场景布光.max"，见图 7-6。）

图 7-6

7.2.3 【操作步骤】

步骤 1 打开随书附带光盘中的"场景>第 7 章>7.2 场景布光 o.max"文件。在场景中创建标准灯光"目标平行光"，在场景中调整灯光的位置和角度，在"常规参数"卷展栏中勾选"启用"选项，选择阴影类型为"VRay 阴影"。在"平行光参数"卷展栏中设置"聚光区/光束"为 41.971、"衰减区/区域"为 49.184，在"强度/颜色/衰减"卷展栏中设置"倍增"为 30，设置灯光的颜色红绿蓝为 255、246、218，在"远距衰减"组中勾选"显示"选项，设置"开始"为 292.947、"结束"为 210.307。在"VRay 阴影参数"卷展栏中选择"球体"选项，设置"UVW 大小"均为 1，如图 7-7 所示。

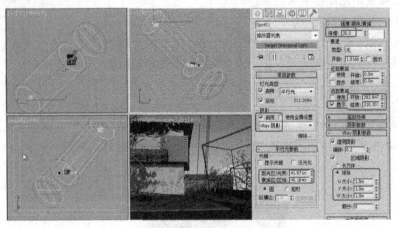

图 7-7

步骤 2 打开"渲染设置"面板，在"V-Ray：：环境"中勾选"全局照明环境（天光）覆盖"和"反射/折射环境覆盖"中的"开"选项，并为天光和反射指定相同的"VR 天空"贴图，如图 7-8 所示。

步骤 3 为"环境和效果"中的"环境贴图"指定"VR 天空"，如图 7-9 所示。

步骤 4 将"环境贴图"中的"VR 天空"拖曳到材质编辑器中的新的材质样本球上，实例复制贴图，在"VRay 天空参数"卷展栏中勾选"指定太阳节点"选项，设置"太阳浊度"为 2、

"太阳臭氧"为 0.3、"太阳强度倍增"为 1、"太阳大小倍增"为 5，如图 7-10 所示。将该贴图拖曳到"全局照明环境（天光）覆盖"和"反射/折射环境覆盖"上可以实例复制贴图。

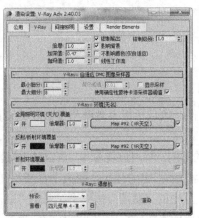
图 7-8

图 7-9

图 7-10

步骤 5　至此灯光创建完成，渲染场景得到如图 7-6 所示的效果。

7.2.4 【相关工具】

1. "目标平行光"工具

聚光灯是一种经常使用的有方向的光源，类似于舞台上的强光灯，它可以准确地控制光束大小。图 7-11 所示为目标平行光的一些参数卷展栏。

◎ "常规参数"卷展栏

"常规参数"卷展栏中的命令用于启用和禁用灯光和灯光阴影，并且排除或包含照射场景中的对象。

◎ "平行光参数"卷展栏

"平行光参数"卷展栏中的参数用来控制聚光灯的聚光区和衰减区。

显示光锥：启用或禁用圆锥体的显示。

泛光化：当设置泛光化时，灯光将在各个方向投射灯光。但是，投影和阴影只发生在其衰减圆锥体内。

聚光区/光束：调整灯光圆锥体的角度。

衰减区/区域：调整灯光衰减区的角度。

◎ "强度/颜色/衰减"卷展栏

使用"强度/颜色/衰减"卷展栏可以设置灯光的颜色和强度，也可以定义灯光的衰减。

倍增：控制灯光的光照强度。单击"倍增"后的色块，可以设置灯光的光照颜色。

"近距衰减"选项组中的参数设置如下。

开始：设置灯光开始淡入的距离。

结束：设置灯光达到其全值的距离。

使用：启用灯光的近距衰减。

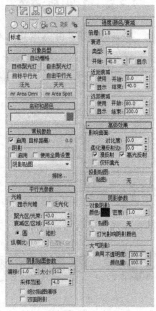
图 7-11

显示：在视口中显示近距衰减范围设置。

"远距衰减"选项组中的参数设置如下。

开始：设置灯光开始淡出的距离。

结束：设置灯光减为 0 的距离。

使用：启用灯光的远距衰减。

显示：在视口中显示远距衰减范围设置。

◎ **"高级效果"卷展栏**

"高级效果"卷展栏提供影响灯光、影响曲面方式的控件，也包括很多微调和投影灯的设置。这些控件使光度学灯光进行投影。

贴图：启用该复选项，可以通过"贴图"按钮投射选定的贴图。禁用该复选项，可以禁用投影。

贴图按钮：命名用于投影的贴图。可以从"材质编辑器"中指定的任何贴图拖动，或从任何其他贴图按钮（如"环境"面板上）拖动，并将贴图放置在灯光的"贴图"按钮上。单击"贴图"显示"材质/贴图浏览器"，使用浏览器可以选择贴图类型，然后将按钮拖曳到"材质编辑器"，并且使用"材质编辑器"选择和调整贴图。

2. VR 天空

VR 天空贴图主要是用在场景的环境中，用来辅助照亮场景。VR 天空可以通过将其拖曳到材质编辑器中的样本窗口中进行编辑，通过设置"太阳强度倍增"可以影响到场景明亮效果，如图 7-12 所示。

7.2.5 【实战演练】水边住宅

为场景创建目标聚光灯和目标平行光来实现水边住宅的灯光床架，配合 VR 渲染器渲染场景，得到最终效果。（最终效果参看光盘中的"场景>第 7 章>7.2.5 水边住宅.max"，见图 7-13。）

图 7-12

图 7-13

7.3 摄影机跟随

7.3.1 【案例分析】

摄影机跟随动画，在三维动画中是最为常用的，如片头动画就灵活运用了摄影机跟随动画。

7.3.2 【设计理念】

打开场景后，创建"目标摄影机"，通过添加关键帧创建摄影机移动的动画。（最终效果参看光盘中的"场景>第 7 章>7.3 摄影机跟随.max",见图 7-14。）

图 7-14

7.3.3 【操作步骤】

步骤 1 首先打开场景文件（光盘中的"场景>第 7 章> 7.3 摄影机跟随.o.max"），如图 7-15 所示。

步骤 2 在窗口的右下角单击 （时间配置）按钮，在弹出的对话框中设置"开始时间"为 0、"结束时间"为 35，如图 7-16 所示，单击"确定"按钮。

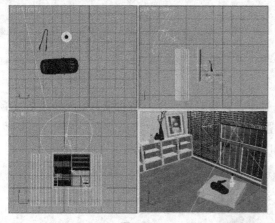

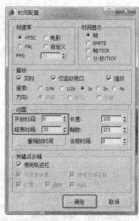

图 7-15   图 7-16

步骤 3 设置的动画，如图 7-17 所示。

步骤 4 打开"自动关键点"按钮，在场景中确定时间滑块在 0 帧。在场景中单击" （创建）> （摄影机）>目标"按钮，在"顶"视图中单击拖动创建摄影机，切换到"透视图"按 C 键，将视图转换为摄影机视图，调整摄影机角度为如图 7-18 所示的效果。

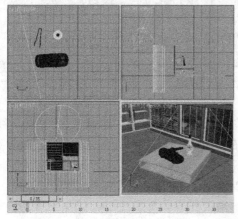

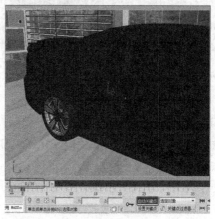

图 7-17   图 7-18

步骤 5 用鼠标拖动时间滑块到 15 帧，在场景中调整摄影机，视口中的模型角度为图 7-19 所示的效果。

步骤 6 用鼠标拖动时间滑块到 25 帧，并在场景中调整摄影机，视口中的模型角度如图 7-20 所示。

图 7-19

图 7-20

步骤 7 拖动时间滑块到 35 帧，在场景中调整摄影机，视口中的模型角度如图 7-21 所示。

步骤 8 在工具栏中单击 （渲染设置）按钮，在弹出的"渲染设置"面板中选择"活动时间段"选项，设置合适的"宽度"和"高度"，如图 7-22 所示。

图 7-21

图 7-22

步骤 9 在"渲染输出"组中，单击"文件"按钮，在弹出的对话框中选择一个合适的文件路径，选择保存类型为 AVI，单击"保存"按钮，在弹出的对话框中使用默认的参数，单击"确定"按钮，如图 7-23 所示。

步骤 10 单击"渲染"按钮，渲染场景如图 7-24 所示。

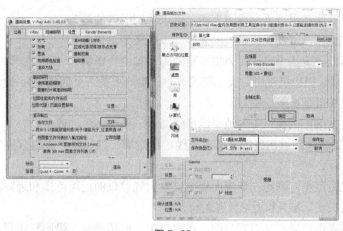

图 7-23

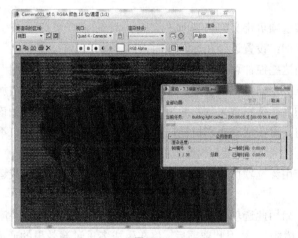

图 7-24

7.3.4　【相关工具】

"目标"摄影机工具

目标摄影机用于观察目标点附近的场景内容，与自由摄影机相比，它更容易定位。

◎ "参数"卷展栏

图 7-25

"参数"卷展栏，如图 7-25 所示。

镜头：以毫米为单位设置摄影机的焦距。

视野：决定摄影机查看区域的宽度（视野）。

可以选择怎样应用"视野"值：使用↔工具水平应用视野，这是设置和测量"视野"的标准方法；使用↕工具垂直应用视野；使用↗工具在对角线上应用视野，从视口的一角到另一角。

正交投影：启用此选项后，摄影机视图看起来就像用户视图。禁用此选项后，摄影机视图好像标准的透视视图。当"正交投影"有效时，视口导航按钮的行为如同平常操作一样，透视图除外。透视图功能仍然移动摄影机，并且更改"视野"，但"正交投影"功能取消执行这两个操作，以便禁用"正交投影"后，可以看到所做的更改。

备用镜头：这些预设值设置摄影机的焦距（以毫米为单位）。

类型：将摄影机类型从"目标摄影机"更改为"自由摄影机"，反之亦然。

显示圆锥体：显示摄影机视野定义的锥形光线（实际上是一个四棱锥）。锥形光线出现在其他视口，但是不出现在摄影机视口中。

显示地平线：在摄影机视口中的地平线层级显示一条深灰色的线条。

环境范围 > 显示：显示在摄影机锥形光线内的矩形，以显示"近距范围"和"远距范围"的设置。

近距范围、远距范围：确定在环境面板上设置大气效果的近距范围和远距范围限制。在两个限制之间的对象消失在远端%和近端%值之间。

剪切平面：设置选项来定义剪切平面。在视口中，剪切平面在摄影机锥形光线内显示为红色的矩形（带有对角线）。

手动剪切：启用该选项可定义剪切平面。

近距剪切、远距剪切：设置近距和远距平面。

多过程效果：使用这些控件可以指定摄影机的"景深"或"运动模糊"效果。当由摄影机生成时，通过使用偏移以多个通道渲染场景，这些效果将生成模糊，它们增加渲染时间。

启用：启用该选项后，使用效果预览或渲染。禁用该选项后，不渲染该效果。

预览：单击该按钮，可在活动摄影机视口中预览效果。如果活动视口不是摄影机视图，则该按钮无效。

效果下拉列表：使用该选项可以选择生成哪个多重过滤效果、景深或运动模糊。这些效果相互排斥。

渲染每过程效果：启用此选项后，如果指定任何一个，则将渲染效果应用于多重过滤效果的每个过程（景深或运动模糊）。禁用此选项后，将在生成多重过滤效果的通道之后，只应用渲染效果。默认设置为禁用状态。

目标距离：使用自由摄影机，将点设置为用作不可见的目标，以便可以围绕该点旋转摄影机。使用目标摄影机，表示摄影机和其目标之间的距离。

图7-26

◎ "景深参数"卷展栏

"景深参数"卷展栏如图7-26所示。

使用目标距离：启用该选项后，将摄影机的目标距离用作每过程偏移摄影机的点。

焦点深度：当"使用目标距离"处于禁用状态时，设置距离偏移摄影机的深度。

显示过程：启用此选项后，渲染帧窗口显示多个渲染通道。禁用此选项后，该帧窗口只显示最终结果。此控件对于在摄影机视口中预览景深无效。

使用初始位置：启用此选项后，第一个渲染过程位于摄影机的初始位置。禁用此选项后，与所有随后的过程一样偏移第一个渲染过程。

过程总数：用于生成效果的过程数。增加此值可以增加效果的精确性，却以渲染时间为代价。

采样半径：通过移动场景生成模糊的半径。增加该值，将增加整体模糊效果。减小该值，将减少模糊。

采样偏移：模糊靠近或远离采样半径的权重。增加该值，将增加景深模糊的数量级，提供更均匀的效果。减小该值，将减小数量级，提供更随机的效果。

过程混合：由抖动混合的多个景深过程可以由该组中的参数控制。这些控件只适用于渲染景深效果，不能在视口中进行预览。

规格化权重：使用随机权重混合的过程可以避免出现诸如条纹这些人工效果。当启用"规格化权重"后，将权重规格化，会获得较平滑的结果。当禁用此选项后，效果会变得清晰一些，但通常颗粒状效果更明显。

抖动强度：控制应用于渲染通道的抖动程度。增加此值会增加抖动量，并且生成颗粒状效果，尤其在对象的边缘上。

平铺大小：设置抖动时图案的大小。此值是一个百分比，0 是最小的平铺，100 是最大的平铺。

扫描线渲染器参数：使用这些控件，可以在渲染多重过滤场景时，禁用抗锯齿或锯齿过滤。禁用这些渲染通道可以缩短渲染时间。

禁用过滤：启用此选项后，禁用过滤过程。默认设置为禁用状态。

禁用抗锯齿：启用此选项后，禁用抗锯齿。

7.3.5　【实战演练】标版文字

首先打开场景，为场景布置摄影机和灯光。（最终效果参看光盘中的"场景>第 7 章>7.3.5 标版文字.max"，见图 7-27。）

7.4　摄影机景深

图 7-27

7.4.1　【案例分析】

VRay 物理摄影机景深效果可以算得上非常逼真了，属于照片级渲染。

7.4.2　【设计理念】

打开场景后，在场景中创建 VRay 物理摄影机，设置其景深参数，即可完成景深效果。（最终效果参看光盘中的"场景>第 7 章>7.4 摄影机景深"，见图 7-28。）

7.4.3　【操作步骤】

步骤　1　打开随书附带光盘中的"场景>第 7 章>7.4 摄影机景深 o.max"文件，如图 7-29 所示。

图 7-28

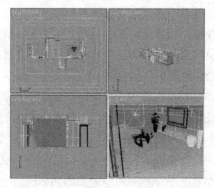

图 7-29

步骤 2 在场景中创建 VRay 物理摄影机，其创建方法与标准摄影机相同。调整摄影机的位置和角度，将"透视"图转换为摄影机视图，如图 7-30 所示。

步骤 3 在"基本参数"卷展栏中设置"胶片规格"为 36、"焦距"为 40、"缩放因子"为 1、"快门速度"为 8、"胶片速度"为 500。

步骤 4 在"采样"卷展栏中勾选"景深"选项，设置"细分"为 3，如图 7-31 所示。

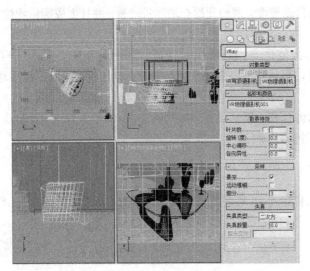

图 7-30

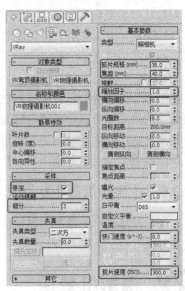

图 7-31

7.4.4 【相关工具】

"VR 物理摄影机"工具

下面介绍 VR 物理摄影机的常用及重点参数。

◎ **"基本参数"卷展栏**

"基本参数"卷展栏（见图 7-32）中常用的参数介绍如下。

类型："照相机"主要模拟常规的静态画面的相机，也是在效果图中所用的一种相机类型；"摄影机（电影）"主要模拟电影相机效果；"摄像机（DV）"主要模拟录像机的镜头。

目标：是否手动控制相机的目标点。

胶片规格：指感光材料的对角尺寸，35mm 的胶片是最流行的胶片画幅，也就是常说的照片底版（负片）大小，该数值越大画幅也就会越大，透视越强，所看到的画面也越多。

焦距：控制相机的焦长，同时也会影响到画面的感光强度。较大的数值效果类似于长焦效果，且感光材料（胶片）就会越暗，特别是胶片边缘的区域会更暗；较小数值的效果类似于广角效果，透视感强，胶片就会越亮。

视野：控制相机的视角大小，与"焦距"功能相似，只是该功能只改变画面的透视效果，不会影响到画面的感光强度。

横向偏移：可以控制在垂直方向的透视效果。

图 7-32

纵向偏移：可以控制在横向的透视效果。

光圈数：光圈数值就是控制光通过镜头到达胶片所通过的孔的大小，数值越大胶片感光就越强，反之就越弱。

指定焦点：勾选该选项后，用户可以用下面的"焦点距离"选项来改变相机目标点到相机镜头的距离。

曝光：勾选该选项后，改变场景亮度一些选项"光圈数"、"快门速度"、"胶片速度"才能起作用。

光晕：该功能可以模拟真实相机的虚光效果，也就是画面中心部分比边缘部分的光线亮。

白平衡：真实相机所拍摄的画面和肉眼所看到的会一有定差别，这主要是由于相机不会像大脑一样智能处理色彩信息，白平衡就是针对不同色温条件下，通过调整摄像机内部的色彩电路使拍摄出来的影像抵消偏色，更接近人眼的视觉习惯。白平衡可以简单地理解为在任意色温条件下，摄像机镜头所拍摄的标准白色经过电路的调整，且使之成像后仍然为白色，可以由右边的预设选项来定义白平衡。

快门速度：这里的快门速度中的数值是实际速度的倒数，也就是说如果将快门速度设为80，那么最后的实际快门速度为1/80秒，它可以控制光通过镜头到达感光材料（胶片）的时间，其时间长短会影响到最后图像（效果图）的亮度，数值小（例如"快门速度"为10，最后的实际速度为1/10秒）与数值大（例如"快门速度"为200，最后的实际速度为1/200）相比，数值小的快门慢（快门打开的时间长，通过的光就会多，感光材料（胶片）所得到的光就会越多，最后的图像（效果图）就会越亮），数值大的快门快（所得到的图像（效果图）就会越暗）。这样就得到一个结果，"快门速度"数值越大图像就会越暗，反之就会越亮。

快门角度：当开启"摄影机（电影）"选项时，快门角度也会影响最终渲染图的亮度，但"摄影机（电影）"与"照相机"中的"快门速度"功能是相似的。

快门偏移：当开启"摄影机（电影）"选项时，可以控制快门角度的偏移。

延迟：当开启"摄像机 DV"选项时，该功能与"照相机"中的"快门速度"功能相似。

胶片速度：不同的胶片感光系数对光的敏感度是不一样的，数值越高胶片感光度就越高，最后的图像（效果图）就会越亮，反之图像就会越暗。

◎ "采样"卷展栏

"采样"卷展栏（见图7-33）中常用的参数介绍如下。

景深：控制是否开启景深效果。当某一物体聚焦清晰时，从该物体前面的某一段距离到其后面的某一段距离内的所有景物也都是相当清晰的，焦点相当清晰的这段从前到后的距离就叫作景深。景深效果可以让画面清晰的区域更引人注目，也可以凸显视觉中心效果。

运动模糊：控制是否开启运动模糊功能。它只适用于有运动画面的物体，对静态画面不起作用。

细分：对"景深"和"运动模糊"功能的细分采样，数值越高效果越好，但渲染时间就越长。

◎ "散景特效"卷展栏

"散景特效"卷展栏如图 7-34 所示，散景特效可以实现镜头特殊的模糊效果，对于有景深效果的模糊的区域会产生松散的画面效果，也就是散景。

叶片数：勾选该选项后可以改变散景后的形状边数数值，数值越大边数就越多，也就越接近圆形。

旋转：控制边缘形状的旋转角度。

中心偏移：控制边缘形状的偏移值。

各向异性：控制边缘形状的变形强度，数值越大形状就越长。

◎ **"其它"卷展栏**

"其它"卷展栏如图 7-35 所示。

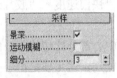

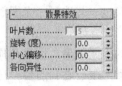

图 7-33   图 7-34   图 7-35

地平线：是否显示地平线标志。

剪切：开启该选项后，下面的"近端裁剪平面"和"远端裁剪平面"选项才可用。该功能可以剪切数值以外的场景画面。

近端环境范围、远端环境范围：与 3ds Max 中相机的"环境范围"中的"近景剪切"和"远端剪切"功能相同，主要是针对"环境"面版中的特效范围。

7.4.5 【实战演练】景深

在场景中创建 VR 物理摄影机，并设置其景深效果。（最终效果参看光盘中的"场景>第 7 章>7.4.5 景深.max"，见图 7-36。）

图 7-36

7.5 综合演练——卧室场景的布光

本例介绍使用 VR 灯光的布光来创建出室内卧室的效果。（最终效果参看光盘中的"场景>第 7 章>7.5 卧室场景的布光.max"，见图 7-37。）

图 7-37

在场景中创建 VR 太阳灯光，设置灯光的参数，完成室外太阳光的效果。（最终效果参看光盘中的"场景>第 7 章>7.6 室外太阳光的创建.max"，见图 7-38。）

图 7-38

第8章 基础动画

在 3ds Max 2014 中可以轻松地制作动画，可以将想象到的宏伟画面通过 3ds Max 2014 来实现。

本章将对 3ds Max 2014 中常用的动画工具进行讲解，包括关键帧的设置、轨迹视图、运动命令面板、常用到的修改器等。读者通过本章的学习，可以了解并掌握 3ds Max 2014 基础的动画应用知识和操作技巧。

 课堂学习目标

- 关键帧动画的设置
- 认识"轨迹视图"
- 运动命令面板
- 动画约束

8.1 摇摆的木马

8.1.1 【案例分析】

关键帧动画通过单击"自动关键点"按钮的情况下，设置一个时间点，然后可以在场景中对需要设置动画的对象进行移动、缩放、旋转等变换操作，也可以调节对象所有的设置和参数，系统会自动将场景中这些操作记录为动画关键点。

8.1.2 【设计理念】

本案例介绍一个旋转工具的动画设置，完成的动画静帧效果如图 8-1 所示。（最终效果参看光盘中的"场景>第 8 章>8.1 摇摆的木马.max"，见图 8-1。）

8.1.3 【操作步骤】

步骤 1 打开场景文件（光盘中的"场景>第 8 章>8.1 摇摆的木马 o..max"），如图 8-2 所示。

步骤 2 在场景中将旋转木马调整到合适的角度，如图 8-3 所示。

图 8-1

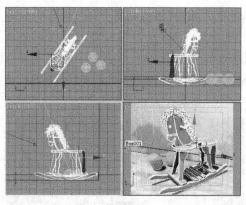

图 8-2

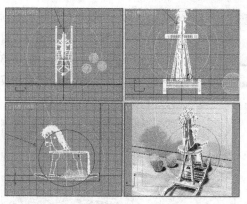

图 8-3

步骤 3　切换到 （层次）面板，在"调整轴"卷展栏中选择"仅影响轴"按钮，在场景中将轴的位置调整到木马的底端，如图 8-4 所示。

步骤 4　打开"自动关键点"，将时间滑块拖曳到第 10 帧，并在场景中旋转模型，如图 8-5 所示。

图 8-4

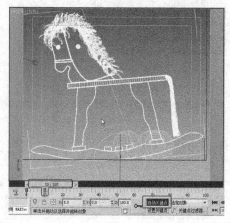

图 8-5

步骤 5　拖动时间滑块到第 20 帧，在场景中向相反的方向旋转模型，如图 8-6 所示。

步骤 6　在时间轨迹中框选第 10 帧和第 20 帧，如图 8-7 所示。

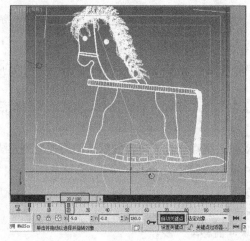

图 8-6

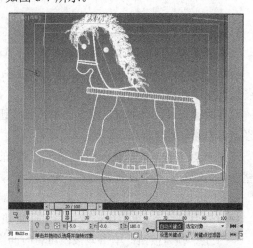

图 8-7

步骤 7 选择关键帧时，将鼠标放置到第 20 帧的位置，鼠标呈现双向箭头时，按住 Shift 键，移动复制关键点到第 30 帧和第 40 帧，如图 8-8 所示。

步骤 8 使用同样的方法复制关键点，如图 8-9 所示。

步骤 9 渲染场景动画，可以参考第 7 章中 7.3 摄影机跟随的动画渲染设置来进行动画的渲染，这里就不详细介绍了。

图 8-8　　　　　　　　　　　　　　　　　　　　图 8-9

8.1.4 【相关工具】

1. "动画控制"工具

图 8-10 所示为"动画控制"工具的界面，可以控制视图中的时间显示。时间控制包括时间滑块、播放按钮以及动画关键点的控制等。

图 8-10

时间滑块：移动该滑块，显示当前帧号和总帧号，拖动该滑块，可观察视图中的动画效果。

设置关键点：在当前时间滑块处于的帧位置创建关键点。

自动关键点：自动关键点模式。单击该按钮呈现红色，将进入自动关键点模式，并且激活的视图边框也以红色显示。

设置关键点：手动关键点模式。单击该按钮呈现红色，将进入手动关键点模式，并且激活的视图边框也以红色显示。

▨（新建关键点的默认入\出切线）：为新的动画关键点提供快速设置默认切线类型的方法，这些新的关键点是用"设置关键点"或者"自动关键点"创建的。

Key Filters（关键点过滤器）：用于设置关键帧的项目。

▣（转到开头）：单击该按钮可将时间滑块恢复到开始帧。

◀（上一帧）按钮：单击该按钮可将时间滑块向前移动一步。

▶（播放动画）按钮：单击该按钮可在视图中播放动画。

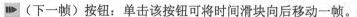（下一帧）按钮：单击该按钮可将时间滑块向后移动一帧。

（转到结尾）按钮：单击该按钮可将时间滑块移动到最后一帧。

（关键点模式切换）按钮：单击该按钮，可以在前一帧和后一帧之间跳动。

显示当前帧号：当时间滑块移动时，可显示当前所在帧号，可以直接输入数值以快速到达指定帧号。

（时间配置）：用于设置帧频、播放、动画等参数。

2. 动画时间的设置

单击状态栏上的（时间配置）按钮，出现"时间配置"对话框，如图 8-11 所示。

NTSC：是北美、大部分中南美国家和日本所使用的电视标准的名称。帧速率为每秒 30 帧（fps）或者每秒 60 场，每场相当于电视屏幕上的隔行插入扫描线。

电影：电影胶片的计数标准，它的帧速率为每秒 24 帧。

PAL：根据相位交替扫描线制定的电视标准，在我国和欧洲大部分国家中使用，它的帧速率为每秒 25 帧（fps）或每秒 50 场。

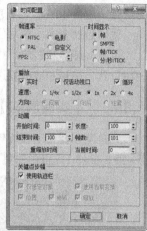

图 8-11

自定义：选择该选项，可以在其下的（FPS）文本框中输入自定义的帧速率，它的单位为帧/秒。

FPS：采用每秒帧数来设置动画的帧速率。视频使用 30 fps 的帧速率，电影使用 24 fps 的帧速率，而 Web 和媒体动画则使用更低的帧速率。

帧：默认的时间显示方式，单个帧代表的时间长度取决于所选择的当前帧速率，如每帧为 1/30 秒。

SMPTE：这是广播级编辑机使用的时间计数方式，对电视录像带的编辑都是在该计数下进行的，标准方式为 00：00：00（分：秒：帧）。

"帧：TICK"：使用帧和 3ds Max 内定的时间单位——十字叉（TICK）显示时间，十字叉是 3ds Max 查看时间增量的方式。因为每秒有 4800 个十字叉，所以访问时间实际上可以减少到每秒的 1/4800。

"分：秒：TICK"：与 SMPTE 格式相似，以分钟（min）、秒钟（s）和十字叉（TICK）显示时间，其间用冒号分隔。例如，0.2：16：2240 表示 2 分钟 16 秒和 2240 十字叉。

实时：勾选此选项，在视图中播放动画时，会保证真实的动画时间；当达不到此要求时，系统会跳格播放，省略一些中间帧来保证时间的正确。可以选择 5 个播放速度，即 1x 是正常速度，1/2x 是半速等。速度设置只影响在视口中的播放。

仅活动视口：可以使播放只在活动视口中进行。禁用该选项后，所有视口都将显示动画。

循环：控制动画只播放一次，还是反复播放。

速度：设置播放时的速度。

方向：将动画设置为向前播放、反转播放或往复播放。

开始时间、结束时间：分别设置动画的开始时间和结束时间。默认设置开始时间为 0，根据需要可以设为其他值，包括负值。有时可能习惯于将开始时间设置为第 1 帧，这比 0 更容易计数。

长度：设置动画的长度，它其实是由"开始时间"和"结束时间"设置得出的结果。

帧数：被渲染的帧数，通常是设置数量再加上一帧。

重缩放时间：对目前的动画区段进行时间缩放，以加快或减慢动画的节奏，这会同时改变所有的关键帧设置。

当前时间：显示和设置当前所在的帧号码。

使用轨迹栏：使关键点模式能够遵循轨迹栏中的所有关键点，其中包括除变换动画之外的任何参数动画。

仅选定对象：在使用关键点步幅时，只考虑选定对象的变换。如果取消勾选该选项，则将考虑场景中所有未隐藏对象的变换。默认设置为启用。

使用当前变换：禁用位置、旋转和缩放，并在关键点模式中使用当前变换。

位置、旋转和缩放：指定关键点模式所使用的变换。取消勾选"使用当前变换"选项，即可使用位置、旋转和缩放复选框。

8.1.5 【实战演练】自由的鱼儿

为鱼儿创建移动和旋转的关键点动画，来制作自由的鱼儿动画。（最终效果参看光盘中的"场景>第 8 章>8.1.5 自由的鱼儿.max"，见图 8-12。）

图 8-12

8.2 掉落的苹果

8.2.1 【案例分析】

轨迹视图对于管理场景和动画制作功能非常强大。下面以一个非常经典的案例——掉落的苹果介绍轨迹视图的应用。

8.2.2 【设计理念】

通过"自由关键点"按钮，制作一个掉落的苹果效果，然后进行"轨迹视图"的进一步调整。（最终效果参看光盘中的"场景>第 8 章>8.2 掉落的苹果.max"，见图 8-13。）

图 8-13

8.2.3 【操作步骤】

步骤 1 打开"光盘中的"场景>第 8 章>8.2 掉落的苹果 o.max"，如图 8-14 所示。

步骤 2 打开自动关键点，拖动时间滑块到第 30 帧，在场景中将苹果向下移动到桌面的位置，如图 8-15 所示。

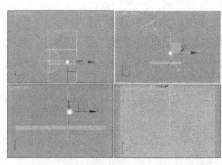

图 8-14

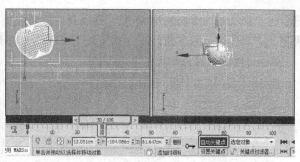

图 8-15

步骤 3 拖动时间滑块到第 31 帧，在场景中调整模型的角度，如图 8-16 所示。

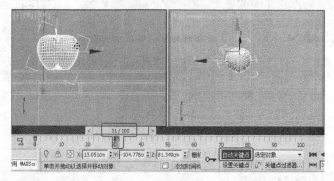

图 8-16

步骤 4 拖动时间滑块到第 40 帧，在场景中移动苹果模型，如图 8-17 所示。

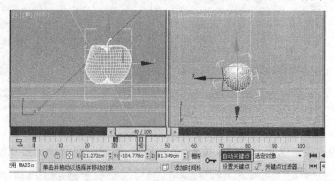

图 8-17

步骤 5 旋转模型的角度，如图 8-18 所示。

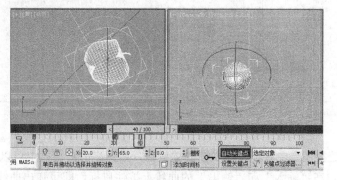

图 8-18

步骤 6 拖动时间滑块到第 45 帧，在场景中旋转模型的角度，如图 8-19 所示。

步骤 7 单击窗口右下角的 ▣（时间配置）按钮，在弹出的对话框中设置"结束时间"为 45，单击"确定"按钮，如图 8-20 所示。

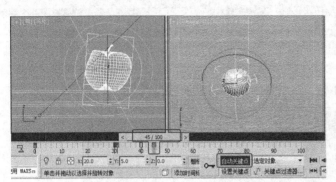

图 8-19　　　　　　　　　　　图 8-20

步骤 8 在工具栏中单击 ▣（曲线编辑器（打开））按钮，弹出"轨迹视图"对话框，如图 8-21 所示。

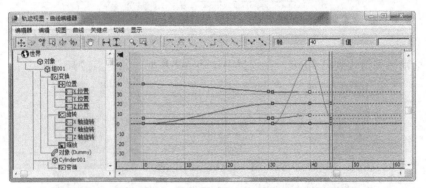

图 8-21

步骤 9 在左侧的列表中选择苹果的"位置>Z 位置"，拖动时间滑块到第 0 帧，如图 8-22 所示。

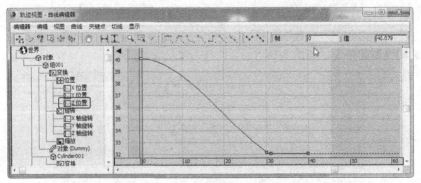

图 8-22

步骤 10 在"轨迹视图"中鼠标右击 0 帧的关键点，在弹出的对话框中可以选择曲线形状，如图 8-23 所示，在"输入"和"输出"的曲线上按住鼠标，即可弹出曲线的形状。

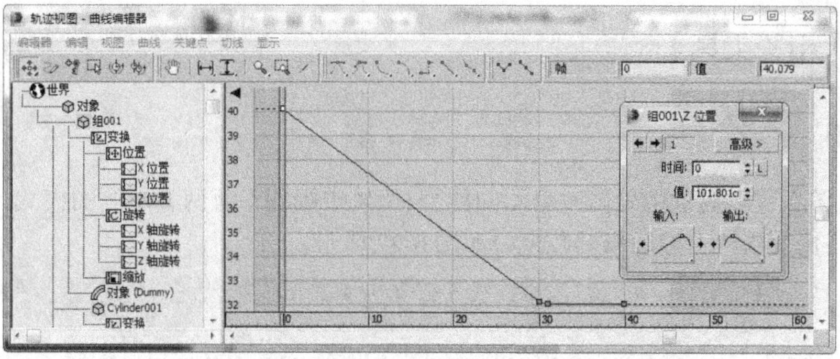

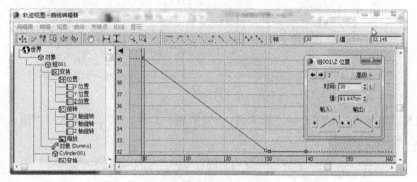

图 8-23

步骤 11 再次选择第 30 帧的关键点，调整其曲线的形状，如图 8-24 所示。

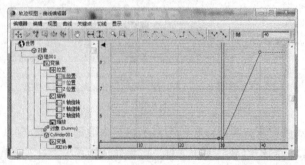

图 8-24

步骤 12 使用同样的方法设置曲线的形状，如图 8-25 所示。

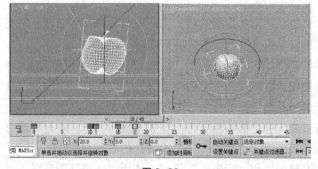

图 8-25

步骤 13 在时间滑块中调整关键点的位置，直到速度满意为止，如图 8-26 所示。

图 8-26

8.2.4 【相关工具】

轨迹视图

"轨迹视图"可以提供精确修改动画的能力。"轨迹视图"有两种不同的模式，即"曲线编辑器"和"摄影表"。"曲线编辑器"窗口如图 8-27 所示。

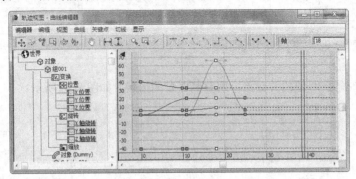

图 8-27

在"曲线编辑器"窗口中选择"编辑器 > 摄影表"命令，就可以进入到"摄影表"窗口中，如图 8-28 所示。

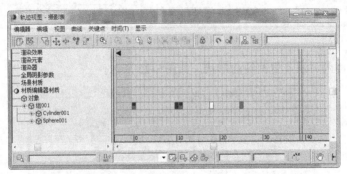

图 8-28

"摄影表"窗口将动画的所有关键点和范围显示在一张数据表格上，可以很方便地编辑关键点、子帧等。轨迹视图是动画制作中最强大的工具，可将轨道视图停靠在视图窗口的下方，或者用作浮动窗口。轨迹视图的布局可以命名后保存在轨迹视口缓冲区内，再次使用时，可以方便地调出，其布局将与 max 文件一起保存。

◎菜单栏

菜单栏显示在"轨迹视图"对话框的最上方，它对各种命令进行了归类，既可以容易地浏览一些工具，也可对当前操作模式下的命令进行辨识。

轨迹视图的菜单栏介绍如下。

编辑器：用于当使用"轨迹视图"时在"曲线编辑器"和"摄影表"之间切换。

编辑：提供用于调整动画数据和使用控制器的工具。

视图：将在"摄影表"和"曲线编辑器"模式下显示，但并不是所有命令在这两个模式下都可用。其控件用于调整和自定义"轨迹视图"中项目的显示方式。

曲线：在"曲线编辑器"和"摄影表"模式下使用"轨迹视图"时，可以使用曲线菜单，但在"摄影表"模式下，并非该菜单中的所有命令都可用。此菜单上的工具可加快曲线调整。

关键点：通过关键点菜单上的命令，可以添加动画关键点，然后将其对齐到光标并使用软选择变换关键点。

时间：使用时间菜单上的工具可以编辑、调整或反转时间。只有在"轨迹视图"处于"摄影表"模式时才能使用时间菜单。

切线：只有在"曲线编辑器"模式下操作时，轨迹视图切线菜单才可用。此菜单上的工具便于管理动画-关键帧切线。

显示："轨迹视图"中的显示菜单包含如何显示项目以及如何在"控制器"窗口中处理项目的控件。

◎工具行

工具行位于菜单栏下方，如图 8-29 所示，用于各种编辑操作。它们只能用于轨迹视图内部，不要将它们与屏幕的工具栏混淆。

图 8-29

轨迹视图的工具栏介绍如下。

（移动关键点）：在"关键点"窗口中水平和垂直移动关键点。从弹出按钮中选择"移动关键点"工具变体。

（绘制曲线）：绘制新运动曲线，或直接在功能曲线图上绘制草图来修改已有曲线。

（添加关键点）：在现有曲线上创建关键点。

（区域关键点工具）：在矩形区域内移动和缩放关键点。

（重定时工具）：基于每个轨迹的扭曲时间。

（对全部对象重定时工具）：全局修改动画计时。

（平移）：使用平移时，可以单击并拖动关键点窗口，以将其向左移、向右移、向上移或向下移。除非右键单击以取消或单击另一个选项，否则平移将一直处于活动状态。

（框显水平范围）：框显水平范围是一个弹出按钮，其中包含"框显水平范围"按钮和"框显水平范围关键点"按钮。

（框显值范围）：框显值范围是一个弹出按钮，该弹出按钮包含"框显值范围"按钮和"框显值范围的范围"按钮。

（缩放）：在"轨迹视图"中，可以从按钮弹出菜单中获得交互式缩放控件。可以使用鼠标水平（缩放时间）、垂直（缩放值）或同时在两个方向（缩放）缩放时间的视图。向右或向上拖动可放大，向左或向下拖动可缩小。

（缩放区域）：缩放区域用于拖动"关键点"窗口中的一个区域以缩放该区域使其充满窗口。除非右键单击以取消或选择另一个选项，否则"缩放区域"将一直处于活动状态。

（隔离曲线）：默认情况下，轨迹视图显示所有选定对象的所有动画轨迹的曲线。只可以将隔离曲线用于临时显示，仅切换具有选定关键点的曲线显示。多条曲线显示在"关键点"窗口中时，使用此命令可以临时简化显示。

（将切线设置为自动）：按关键点附近的功能曲线的形状进行计算，将高亮显示的关键点设置为自动切线。

（将切线设置为样条线）：将高亮显示的关键点设置为样条线切线，它具有关键点控制柄，可以通过在"曲线"窗口中拖动进行编辑。在编辑控制柄时按住 Shift 键以中断连续性。

（将切线设置为快速）：将关键点切线设置为快。

（将切线设置为慢速）：将关键点切线设置为慢。

（将切线设置为阶越）：将关键点切线设置为步长。使用阶跃来冻结从一个关键点到另一个关键点的移动。

（将切线设置为线性）：将关键点切线设置为线性。

（将切线设置为平滑）：将关键点切线设置为平滑。用它来处理不能继续进行的移动。

（断开切线）：允许将两条切线（控制柄）连接到一个关键点，使其能够独立移动，以便不同的运动能够进出关键点。选择一个或多个带有统一切线的关键点，然后单击"断开切线"。

（统一切线）：如果切线是统一的，按任意方向（请勿沿其长度方向，这将导致另一控制柄以相反的方向移动）移动控制柄，从而控制柄之间保持最小角度。选择一个或多个带有断开切线的关键点，然后单击"统一切线"。

帧：在文本框中显示当前选择的关键帧。

值：从中设置当前关键帧在曲线的位置。

◎项目窗口

在"轨迹视图"的左侧空白区域，以树形的方式显示场景中所有可制作动画的项目，如图 8-30 所示。每一种类别中又按不同的层级关系进行排列，每一个项目都对应于右侧的编辑窗口，通过项目窗口，可以指定要进行轨迹编辑的项目，还可以为指定项目加入不同的动画控制器和越界参数曲线。

◎编辑窗口

在视图右侧的灰色区域，可以显示出动画关键点、函数曲线或动画区，如图 8-31 所示，以便对各个项目进行轨迹编辑。根据工具的选择，这里的形态也会发生相应的变化，在轨迹视图中的主要工作就是在编辑窗口中进行的。

图 8-30

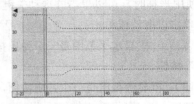

图 8-31

关键点：只要进行了参数修改，并将它记录为动画，就会在动画轨迹上创建一个动画关键点，它以黑色方块表示，可以进行位置的移动和平滑属性的调节。

函数曲线：动画曲线将关键点的动画值和关键点之间的内插值以函数曲线方式显示，可以进行多种多样的控制。

时间标尺：在编辑窗顶部有一个显示时间坐标的标尺，可以将它上下拖动到任何位置，以便进行精确的测量。

当前时间线：在编辑窗口中有一组蓝色的双竖线，代表当前所在帧，可以直接拖动它，调节当前所有帧。

双窗口编辑：在编辑窗口右上角、滑块的上箭头处，有一个小的滑块，将它向上拖动，可以拉出另一个编辑窗口，在对比编辑两个项目的轨迹，而它们又相隔很远时，可以使用拖动的第 2 个窗口进行参考编辑，如图 8-32 所示。如果不使用了，可以将第 2 个窗口顶端横格一直向上拖动到顶部，便可以还原。

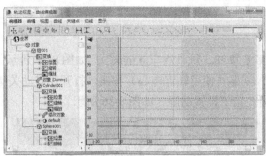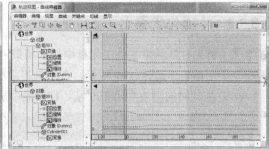

图 8-32

8.2.5 【实战演练】旋转的吊扇

使用轨迹窗口制作吊扇旋转动画。(最终效果参看"场景>第 8 章>8.2.5 旋转的吊扇.max",见图 8-33。)

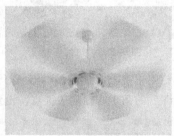

图 8-33

8.3 玩具汽车

8.3.1 【案例分析】

要想使一个物体沿着一个指定的路径运动,这就要为模型指定路径约束。路径约束动画在三维动画制作中也是非常重要一部分操作。

8.3.2 【设计理念】

本案例介绍使用(运动)命令面板为模型指定"运动路径",并通过对其设置指定路径跟随参数创建玩具汽车跟随路径运动的动画。(最终效果参看光盘中的"场景>第 8 章>8.3 玩具汽车.max",见图 8-34。)

图 8-34

8.3.3 【操作步骤】

步骤 1 首先打开场景文件（光盘中的"场景>第 8 章>8.3 玩具汽车 o.max"），如图 8-35 所示。

步骤 2 在场景中选择 4 个轮子，在工具栏中单击 （使用轴点中心）按钮，打开"自动关键点"，拖动时间滑块到第 100 帧，在场景中旋转轮子设置动画，如图 8-36 所示。

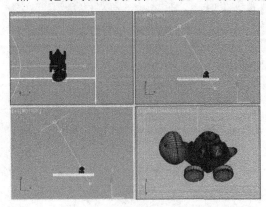

图 8-35

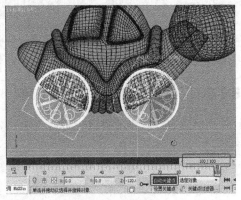

图 8-36

步骤 3 在工具栏中单击 （曲线编辑器（打开））按钮，在弹出的"轨迹视图"中选择 4 个轮子的"旋转>Y"的第 100 帧的关键点，设置其"值"为-1500，如图 8-37 所示。

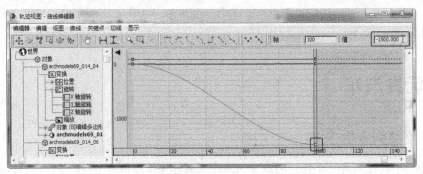

图 8-37

步骤 4 设置第 0 帧和第 100 帧的"输入"和"输出"切线，如图 8-38 所示。使用同样的方法设置其他 3 个轮子的参数。

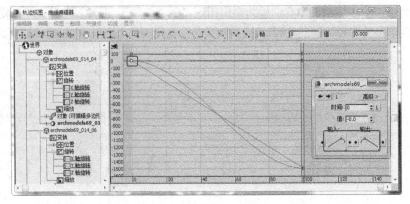

图 8-38

步骤 5 在场景中选择卡通车的头部，切换到 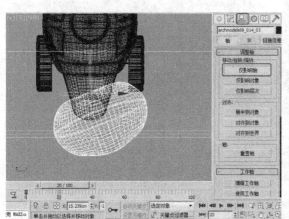（层次）命令面板，单击"仅影响轴"按钮，在场景中调整轴的位置，如图 8-39 所示。

步骤 6 关闭"仅影响轴"按钮，打开"自动关键点"，拖动时间滑块到第 20 帧的位置，在场景中旋转头部的角度，如图 8-40 所示。

图 8-39

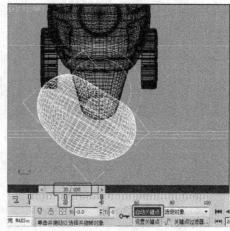

图 8-40

步骤 7 拖动时间滑块到第 40 帧，在场景中旋转头部的角度，如图 8-41 所示。使用同样的方法创建关键帧直至第 100 帧的位置。

步骤 8 在场景中创建"虚拟对象"，调整其合适的位置，如图 8-42 所示。

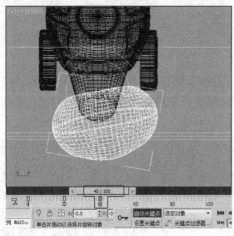

图 8-41

图 8-42

步骤 9 在场景中选择卡通车的模型，在工具栏中单击 （选择并链接）按钮，在场景中将在选择的模型上拖曳出虚线，直至虚拟对象上，松开鼠标创建链接，如图 8-43 所示。

步骤 10 在"顶"视图中创建"矩形"作为路径，设置合适的参数即可，如图 8-44 所示。

步骤 11 在场景中选择虚拟对象，切换到 （运动）命令面板，在"指定控制器"卷展栏中选择变换控制器的"位置"，单击 （指定控制器）按钮，在弹出的对话框中选择"路径约束"，单击"确定"按钮，如图 8-45 所示。

步骤 12 在"路径参数"卷展栏中单击"添加路径"按钮，在场景中拾取矩形作为路径，如图 8-46 所示。

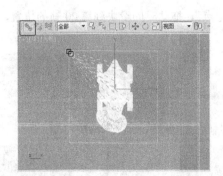

图 8-43

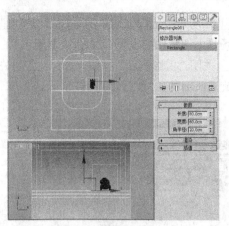

图 8-44

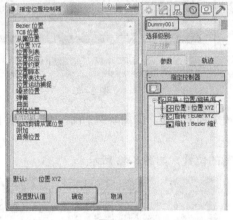

图 8-45

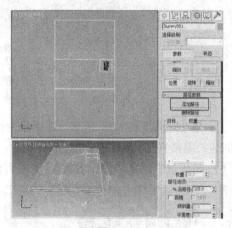

图 8-46

步骤 13 勾选"跟随"、"相对"和"翻转"选项，选择"轴"为 y 轴，如图 8-47 所示。

步骤 14 在场景中调整模型，打开"自动关键点"，在场景中调整摄影机视图的角度，如图 8-48 所示。

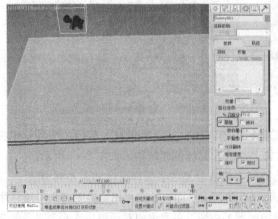

图 8-47

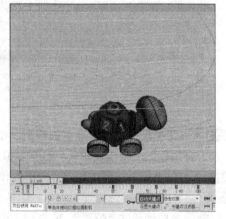

图 8-48

步骤 15 拖动时间滑块到合适的帧，调整摄影机视口，如图 8-49 所示。

步骤 16 拖动时间滑块到合适的帧，调整摄影机视口，如图 8-50 所示。

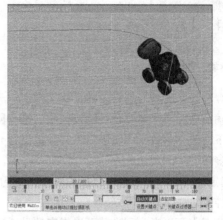

图 8-49　　　　　　　　　　　　　　图 8-50

步骤 17 拖动时间滑块到合适的帧，调整摄影机视口，如图 8-51 所示。

步骤 18 拖动时间滑块到合适的帧，调整摄影机视口，如图 8-52 所示。

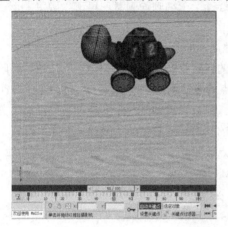

图 8-51　　　　　　　　　　　　　　图 8-52

步骤 19 拖动时间滑块到合适的帧，调整摄影机视口，如图 8-53 所示。

步骤 20 拖动时间滑块到合适的帧，调整摄影机视口，如图 8-54 所示。至此，动画就制作完成了，使用同样的方法在合适的位置创建摄影机关键点。

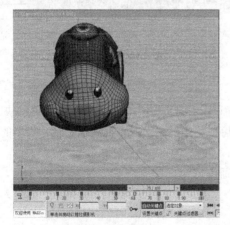

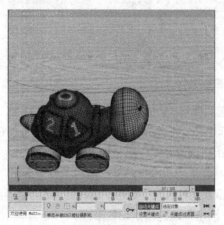

图 8-53　　　　　　　　　　　　　　图 8-54

8.3.4 【相关工具】

"运动"面板

在介绍设置动画控制器之前，首先来认识一下运动命令面板，如图 8-55 所示。

运动命令面板主要配合"轨迹视图"来一同完成动作的控制，分别为"参数"、"轨迹"两个部分，下面对"参数"、"轨迹"下的参数进行介绍。

◎参数

"指定控制器"卷展栏中包括为对象指定的各种动画控制器，如图 8-56 所示，完成不同类型的运动控制。

在列表中可以观察到当前可以指定的动画控制项目，一般是由"变换"带 3 个分支项目"位置"、"旋转"、"缩放"，每个项目可以提供多种不同的动画控制器。使用时首先选择一个项目，这时左上角的 (指定控制器) 按钮变为活动状态，单击该按钮，可以打开控制器对话框，在它下面排列着所有可以用于当前项目的动画控制器；选择一个动画控制器，单击"确定"按钮，此时就指定了新的动画控制器名称。

"PRS 参数"卷展栏用于建立或删除动画关键点，如图 8-57 所示。

如果选择在某一帧进行变换操作，并且操作的同时打开了"自动关键点"按钮，这时在这一帧就会产生一个变换的关键点；另一种添加关键点的方法是，"创建关键点"项目下的 3 个按钮分别用于创建 3 种变换关键点，只需单击它们即可。如果当前帧某一个变换项目已经有了关键点，那么"创建关键点"下的变换按钮将变为非活动的状态，而右侧的"删除关键点"项目下的按钮被激活，单击其下面的按钮，可以将设定的关键点删除。

"关键点信息（基本）"卷展栏如图 8-58 所示。

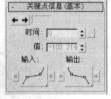

| 图 8-55 | 图 8-56 | 图 8-57 | 图 8-58 |

当前关键点：显示出当前所在关键点的编号，通过左右箭头按钮，可以在各关键点之间快速切换。

时间：显示当前关键点所处的帧号，通过它可以将当前关键点设置到指定帧。右侧的锁定钮用于禁止在轨迹视图中水平拖动关键点。

值：调整当前选择对象在当前关键帧时的动画值。

关键点"输入"、"输出"切线：通过下面两个大的下拉按钮进行选择，"输入"确定入点切线形态，"输出"确定出点切线形态。

平滑：建立平滑的插补值穿过此关键点。

CHAPTER 8

线性：建立线性的插补值穿过此关键点，好像"线性控制器"一样，它只影响靠近此关键点的曲线。

步骤：将曲线以水平线控制，在接触关键点处垂直切下，好像瀑布一样。

减慢：插补值改变的速度围绕关键点逐渐下降，越接近关键点，插补越慢，曲线越平缓。

加快：插补值改变的速度围绕关键点逐渐增加，越接近关键点，插补越快，曲线越陡峭。

自定义：在曲线关键点两侧显示可调节曲度的滑杆，通过它们随意调节曲线的形态。

"关键点信息（高级）"卷展栏如图 8-59 所示。

图 8-59

输入/输出：在"输入"中显示接近关键点时改变的速度，在"输出"中显示离开关键点时改变的速度。只有选择了"自定义"插补方式时，它们才能进行调节，中央的锁定按钮可以使入点和出点数值的绝对值保持相等。

规格化时间：将关键点时间进行平均，对一组块状不圆滑的关键点曲线（如连续地加速、减速造成的运动顿点）可以进行很好的平均化处理，得到光滑均衡的运动曲线。

自由控制柄：勾选该选项，切线控制柄根据时间的长度自动更新；取消勾选时，切线控制柄长度被锁定，在移动关键帧时不产生改变。

◎ 轨迹

在运动命令面板中单击"轨迹"按钮，进入"轨迹"控制面板，如图 8-60 所示，在视图中显示对象的运动轨迹，运动轨迹以红色曲线表示，曲线上白色方框点代表一个关键点，小白点代表过滤帧的位置点。在轨迹面板上可以对轨迹进行自由控制，可以使用变换工具在视图中对关键点进行移动、旋转和缩放操作，从而改变运动轨迹的形状，还可以用任意曲线替换运动轨迹。

删除关键点：将当前选择的关键点删除。

添加关键点：单击该按钮，可以在视图轨迹上添加关键点，也可以在不同的位置增加多个关键点，再次单击此按钮，可以将它关闭。

采样范围：这里的 3 个项目是针对其下"样条曲线转换"操作进行控制的。

图 8-60

开始时间/结束时间：用于指定转换的间隔。如果要将轨迹转化为一个样条曲线，这里确定哪一段间隔的轨迹将进行转化。如果要将样条曲线转化为轨迹，它将确定这一段轨迹放置的时间区段。

采样数：设置采样样本的数目，它们均匀分布，成为转化后曲线上的控制点或转化后轨迹上的关键点。

样条线转化：控制运动轨迹与样条线之间的相互转化。

转化为：单击该按钮，将依据上面的区段和间隔设置，把当前选择的轨迹转化为样条曲线。

转化自：单击该按钮，将依据上面的区段和间隔设置，允许在视图中拾取一条样条曲线，从而将它转化为当前选择对象的运动轨迹。

塌陷变换：在当前选择对象上产生最基本的动画关键点，这对任何动画控制器都适用，主要目的是将变换影响进行塌陷处理，如同将一个轨迹控制器转化为一个标准可编辑的变换关键点。

塌陷：将当前选择对象的变换操作进行塌陷处理。

位置/旋转/缩放：决定塌陷所要处理的变换项目。

8.3.5 【实战演练】流动的水

流动的水的制作主要是创建长方体设置合适的分段，然后为其施加"路径变形绑定（WSM）"修改器，通过调整"百分比"和"拉伸"参数的动画，来完成流动水的动画制作。（最终效果参看光盘中的"场景>第 8 章>8.3.5 流动的水.max"，见图 8-61。）

图 8-61

8.4 综合演练——放飞气球

放飞气球的动画制作非常简单，主要是移动和旋转机器来记录关键点，制作出气球被放飞的动画效果。（最终效果参看光盘中的"场景>第 8 章>8.4 放飞气球.max"，见图 8-62。）

图 8-62

8.5 综合演练——掠过镜头的飞机

通过结合曲线编辑器来制作飞机前螺旋桨的旋转动画，移动飞机完成飞过的动画效果。（最终效果参看光盘中的"场景>第 8 章>8.3 掠过镜头的飞机.max"，见图 8-63。）

图 8-63

第9章 粒子系统与空间扭曲

使用 3ds Max 2014 可以制作各种类型的场景特效，如下雨、下雪、礼花等。要实现这些特殊效果，粒子系统与空间扭曲的应用是必不可少的。本章将对各种类型的粒子系统及空间扭曲进行详细讲解，读者可以通过实际的操作来加深对 3ds Max 2014 特殊效果的认识和了解。

课堂学习目标

- 基本粒子系统
- 高级粒子系统
- 常用空间扭曲

9.1 粒子标版动画

9.1.1 【案例分析】

使用粒子制作标版动画可以展现出灵动的魅力，也是最为常用的标版类型动画。

9.1.2 【设计理念】

本案例介绍利用粒子流源制作粒子标版动画，结合使用雪粒子制作出闪亮的下落体，完成动画效果。（最终效果参看光盘中的"场景>第 9 章>9.1 粒子标版动画.max"，见图 9-1。）

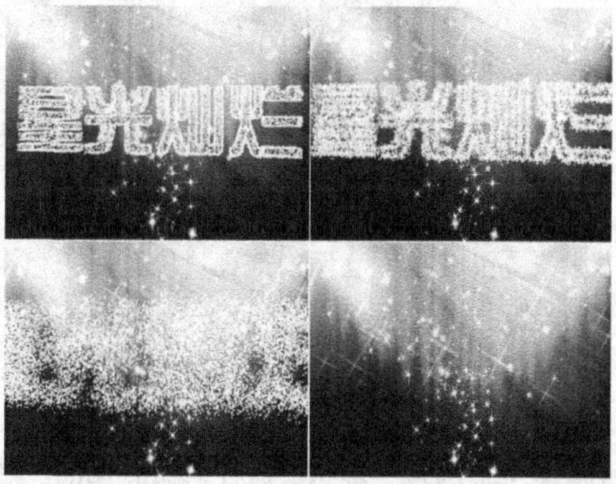

9.1.3 【操作步骤】

步骤 1 单击 "（创建）>（图形）>文本"
按钮，在"前"视图中单击创建文本，在"参数"卷展栏中选择合适的字体，在"文本"中输入"星光灿烂"，如图 9-2 所示。

步骤 2 切换到（修改）命令面板，在"修改器列表"下拉列表中选择"挤出"修改器，在"参数"卷展栏中设置"数量"为 30，如图 9-3 所示。

图 9-1

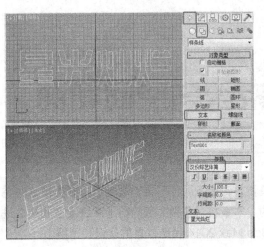

图 9-2

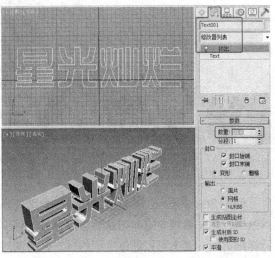

图 9-3

步骤 3 单击"■（创建）>○（几何体）>粒子系统>粒子流源"按钮，在"前"视图中拖动创建粒子流源图标，如图 9-4 所示。

步骤 4 在"设置"卷展栏中单击"粒子视图"按钮，弹出"粒子视图"对话框，在视图中选择"粒子流源"的"出生"事件，在右侧的"出生"卷展栏中设置"反射开始"和"发射停止"均为 0，如图 9-5 所示。

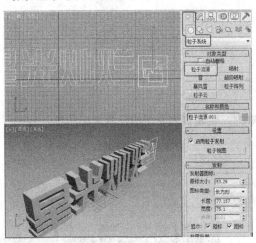

图 9-4

图 9-5

步骤 5 在事件仓库中拖曳"位置对象"事件到窗口的"位置图标"事件上，如图 9-6 所示，将其进行替换。

步骤 6 选择"位置对象 001"事件，在右侧的"位置对象"卷展栏中单击"发射器对象"中的"添加"按钮，在场景中拾取文本模型，如图 9-7 所示。

步骤 7 选择"形状"事件，在右侧的"形状"卷展栏中选择 3D，设置"大小"为 3，如图 9-8 所示。

步骤 8 选择"速度"事件，在右侧的"速度"卷展栏设置"速度"和"变化"均为 0，选择"方向"为"随机 3D"，如图 9-9 所示。

图 9-6

图 9-7

图 9-8

图 9-9

步骤 9 渲染场景得到如图 9-10 所示的效果。

图 9-10

步骤 10 在事件仓库中拖曳"力"事件到粒子流事件中，如图 9-11 所示。

步骤 11 单击 ✱ （创建）> ≋ （空间扭曲）>风"按钮，在场景中创建风图标，在"参数"卷展栏中选择"球形"选项，如图 9-12 所示。

中
等
职
业
教
育
数
字
艺
术
类
规
划
教
材

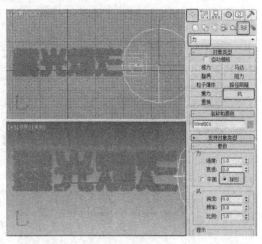

图 9-11　　　　　　　　　　　　　　　　图 9-12

步骤 12 打开"粒子视图",从中选择"力"事件,在右侧的"力"卷展栏中单击"添加"按钮,在场景中拾取风空间扭曲,如图 9-13 所示。

步骤 13 在场景中调整风空间扭曲图形的位置,如图 9-14 所示。

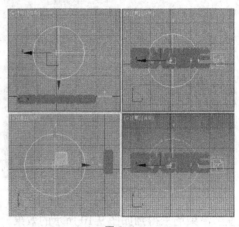

图 9-13　　　　　　　　　　　　　　　　图 9-14

步骤 14 打开自动关键点,在场景中选择风空间扭曲,在"参数"卷展栏中设置"强度"、"衰退"、"湍流"、"频率"和"比例"均为 0,如图 9-15 所示。

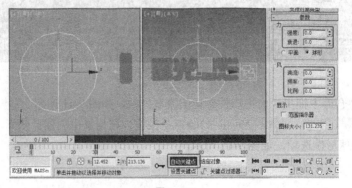

图 9-15

步骤 15　拖动时间滑块到第 30 帧，在"参数"卷展栏中设置"强度"、"衰退"、"湍流"、"频率"和"比例"均为 0，如图 9-16 所示。

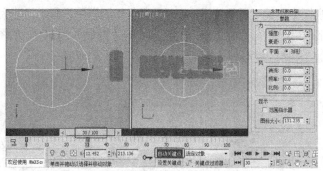

图 9-16

步骤 16　拖动时间滑块到第 31 帧，在"参数"卷展栏中设置"强度"为 1、"衰退"为 0、"湍流"为 1.74、"频率"为 0.7、"比例"为 2.14，如图 9-17 所示。

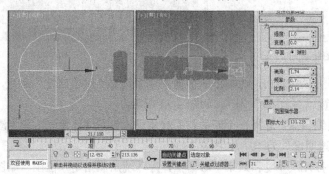

图 9-17

步骤 17　打开材质编辑器，选择一个新的材质样本球，设置"环境光"和"漫反射"的颜色为白色，设置"自发光"为 100，如图 9-18 所示。

步骤 18　打开"粒子视图"面板，在事件仓库中拖动"材质静态"到粒子事件中，选择该事件，在"材质静态"卷展栏中单击灰色按钮，在弹出的"材质/贴图浏览器"中选择"示例窗"，从中选择设置的材质，如图 9-19 所示。

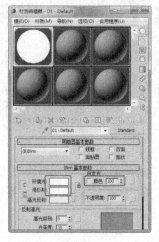

图 9-18

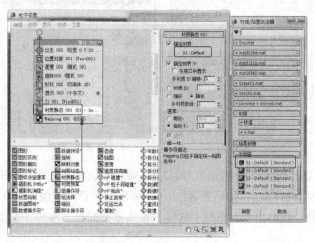

图 9-19

步骤 19 在事件仓库中拖动"贴图"到粒子事件中，选择该事件，在"Mapping"卷展栏中设置 UVW 贴图均为4，如图9-20所示。

步骤 20 在"顶"视图中创建"雪"粒子，在"参数"卷展栏中设置"雪花大小"为2，选择"渲染"为"六角形"，设置"计时"的"开始"为0、"寿命"为100，如图9-21所示。

图 9-20

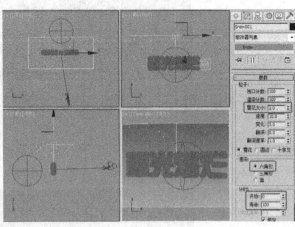

图 9-21

步骤 21 在雪粒子上鼠标右击，在弹出的快捷菜单中选择"对象属性"命令，在弹出的"对象属性"面板中设置"对象ID"为1，如图9-22所示。

步骤 22 打开材质编辑器，选择一个新的材质样本球，设置"环境光"和"漫反射"的颜色为黄色，设置"不透明度"为10，如图9-23所示。

步骤 23 按8键，打开"环境和效果"对话框，为环境贴图指定"位图"贴图，贴图位于"随书附带光盘贴图>xingguang.jpg"，如图9-24所示，在场景中调整一个合适的角度，创建摄影机。

图 9-22

图 9-23

图 9-24

步骤 24 在菜单栏中选择"渲染>视频后期处理"命令，打开"视频后期处理"面板。在工具栏中单击 （添加场景事件），在弹出的对话框中使用默认；单击 （添加图像过滤事件）按钮，在弹出的对话框中选择"镜头效果高光"事件，如图9-25所示。

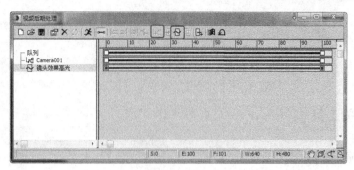

图 9-25

步骤 25 双击添加的"镜头效果高光"事件，在弹出的对话框中单击"设置"按钮，如图 9-26 所示。

步骤 26 弹出"镜头效果高光"设置面板，从中单击"预览"和"VP 队列"，在"属性"选项卡中设置"对象 ID"为 1，单击"确定"按钮，如图 9-27 所示。

图 9-26　　　　　　　图 9-27

步骤 27 回到"视频后期处理"面板，在工具栏中单击 （添加图像输出事件）按钮，在弹出的对话框中单击"文件"按钮，在弹出的对话框中选择一个存储路径，为文件命名，单击"确定"按钮，如图 9-28 所示。最后单击 （知性序列）按钮，对场景动画进行渲染输出。

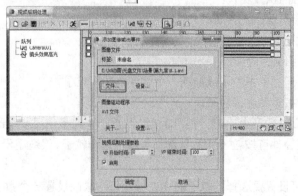

图 9-28

9.1.4　【相关工具】

1. "粒子流源" 工具

◎ "参数" 卷展栏

"参数" 卷展栏如图 9-29 所示。

发射器图标：在该选项组中设置发射器图标属性。

徽标大小：通过设置发射器的半径指定粒子的徽标大小。

图标类型：从下拉列表中选择图标类型，图标类型影响粒子的反射效果。

长度：设置图标的长度。

宽度：设置图标的宽度。

高度：设置图标的高度。

显示：是否在视图中显示 "徽标" 和 "图标"。

数量倍增：从中设置数量显示。

视口%：在场景中显示的粒子百分数。

渲染%：渲染的粒子百分数。

◎ "系统管理" 卷展栏

"系统管理" 卷展栏如图 9-30 所示。

粒子数量：使用这些设置可限制系统中的粒子数，以及指定更新系统的频率。

上限：系统可以包含粒子的最大数目。

积分步长：对于每个积分步长，粒子流都会更新粒子系统，将每个活动动作应用于其事件中的粒子。较小的积分步长可以提高精度，却需要较多的计算时间。这些设置使用户可以在渲染时对视口中的粒子动画应用不同的积分步长。

视口：设置在视口中播放的动画的积分步长。

渲染：设置渲染时的积分步长。

在修改器面板中会出现如下卷展栏。

◎ "选择" 卷展栏

"选择" 卷展栏如图 9-31 所示。

（粒子）：用于通过单击粒子或拖动一个区域来选择粒子。

（事件）：用于按事件选择粒子。

按粒子 ID 选择：每个粒子都有唯一的 ID 号，从第一个粒子使用 1 开始，并递增计数。使用这些控件可按粒子 ID 号选择和取消选择粒子。仅适用于 "粒子" 选择级别。

ID：使用此选项可设置要选择的粒子的 ID 号。每次只能设置一个数字。

添加：设置完要选择的粒子的 ID 号后，单击 "添加" 按钮，可将其添加到选择中。

图 9-29

图 9-30

图 9-31

CHAPTER 9

移除：设置完要取消选择的粒子的 ID 号后，单击"移除"按钮，可将其从选择中移除。

清除选定对象：勾选该复选框后，单击"添加"按钮选择粒子，会取消选择所有其他粒子。

从事件级别获取：单击该按钮，可将"事件"级别选择转化为"粒子"级别。仅适用于"粒子"级别。

按事件选择：该列表框显示了粒子流中的所有事件，并高亮显示选定的事件。要选择所有事件的粒子，请单击其选项或使用标准视口选择方法。

◎ "脚本"卷展栏

"脚本"卷展栏如图 9-32 所示。

每步更新："每步更新"脚本在每个积分步长的末尾、计算完粒子系统中所有动作后和所有粒子最终在各自的事件中时进行计算。

启用脚本：勾选该复选框，可打开具有当前脚本的文本编辑器窗口。

编辑：单击"编辑"按钮将弹出打开对话框。

使用脚本文件：当此复选框处于启用状态时，可以通过单击下面的"无"按钮加载脚本文件。

图 9-32

无：单击此按钮可弹出打开对话框，可通过对话框指定要从磁盘加载的脚本文件。

最后一步更新：当完成所查看（或渲染）的每帧的最后一个积分步长后，执行"最后一步更新"脚本。例如，在关闭实时的情况下，如果在视口中播放动画，则在粒子系统渲染到视口之前，粒子流会立即按每帧运行此脚本。但是，如果只是跳转到不同帧，则脚本只运行一次。因此，如果脚本采用某一历史记录，就可能获得意外结果。

2. "雪"工具

"参数"卷展栏如图 9-33 所示。

"粒子"选项组中的各个选项的介绍如下。

视口计数：在给定帧处，视口中显示的最多粒子数。

渲染计数：一个帧在渲染时可以显示的最多粒子数。

水滴大小：粒子的大小（以活动单位数计）。

速度：每个粒子离开发射器时的初始速度。粒子以此速度运动，除非受到粒子系统空间扭曲的影响。

变化：改变粒子的初始速度和方向。"变化"的值越大，喷射越强，且范围越广。

水滴、圆点、十字叉：选择粒子在视口中的显示方式。显示设置不影响粒子的渲染方式。水滴是一些类似雨滴的条纹，圆点是一些点，十字叉是一些小的加号。

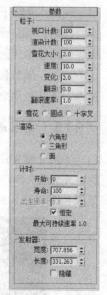
图 9-33

"渲染"选项组中的各个选项的介绍如下。

六面体：粒子渲染为六面体，长度由用户在"雪花大小"参数中指定。六面体是渲染的默认设置，它提供雪花的基本模拟效果。

三角形：三角形是三角形面片，可以根据情况选择是否使用三角形的雪花面片。

面：粒子渲染为正方形面，其宽度和高度等于"水滴大小"。

"计时"选项组：控制发射的粒子的出生和消亡速率。

开始：第一个出现粒子的帧的编号。

寿命：每个粒子的寿命（以帧数计）。

出生速率：每个帧产生的新粒子数。

恒定：启用该复选框后，"出生速率"选项不可用，所用的出生速率等于最大可持续速率。禁用该复选框后，"出生速率"选项可用。默认设置为启用。

"发射器"选项组：发射器指定场景中出现粒子的区域。

宽度/长度：在视口中拖动以创建发射器时，即隐性设置了这两个参数的初始值。可以在卷展栏中调整这些值。

隐藏：启用该复选框可以在视口中隐藏发射器。

3. "风"空间扭曲工具

"风"空间扭曲可以模拟风吹动粒子系统所产生的粒子效果。风力具有方向性，顺着风力箭头方向运动的粒子呈加速状，逆着箭头方向运动的粒子呈减速状。在球形风力情况下，运动朝向或背离图标。

"参数"卷展栏如图 9-34 所示。

强度：增加"强度"会增加风力效果。小于 0.0 的强度会产生吸力，它会排斥以相同方向运动的粒子，而吸引以相反方向运动的粒子。

衰退：设置"衰退"为 0.0 时，风力扭曲在整个世界空间内有相同的强度。增加"衰退"值会导致风力强度从风力扭曲对象的所在位置开始，随距离的增加而减弱。

平面：风力效果垂直于贯穿场景的风力扭曲对象所在的平面。

球形：风力效果为球形，以风力扭曲对象为中心。

湍流：使粒子在被风吹动时随机改变路线。该值越大，湍流效果越明显。

图 9-34

频率：当其设置大于 0.0 时，会使湍流效果随时间呈周期性变化。这种微妙的效果可能无法看见，除非绑定的粒子系统生成大量粒子。

比例：缩放湍流效果。当"比例"值较小时，湍流效果会更平滑，更规则。当"比例"值增加时，紊乱效果会变得更不规则，更混乱。

9.1.5 【实战演练】星空流星

本例介绍使用喷射粒子制作流星。设置贴图的旋转完成背景的一个旋转动画，结合使用"镜头效果光斑"来完成星空流星动画。（最终效果参看光盘中的"场景>第 9 章>9.1.5 星空流星.max"，效果见图 9-35）

图 9-35

9.2 浪漫的泡泡

9.2.1 【案例分析】

泡泡是由于水的表面张力而形成的。这种张力是物体受到拉力作用时，存在于其内部而垂直于两相邻部分接触面。

9.2.2 【设计理念】

泡泡的制作主要是通过创建超级喷射，并设置超级喷射的参数来完成泡泡动画，设置合适的泡泡材质即可完成泡泡效果。（最终效果参看光盘中的"场景>第 9 章>9.2 浪漫的泡泡.max"，见图 9-36。）

图 9-36

9.2.3 【操作步骤】

步骤 1　在场景中创建"超级喷射"，在"基本参数"卷展栏的"粒子分布"组中设置两个"扩散"值分别为 50、50；在"视图显示"组中选择"网格"选项，设置"粒子数百分比"为 100%。在"粒子生成"卷展栏中选择"使用总数"为 150；在"粒子计时"组中设置"发射开始"为-50、"发射停止"为 30、"显示时限"为 100、"寿命"为 100；在"粒子大小"组中设置"大小"为 30、"变化"为 0、"增长耗时"为 0、"衰减耗时"为 2。在"粒子类型"卷展栏中选择"标准粒子"选项，在"标准粒子"组中选择"球体"，如图 9-37 所示。

步骤 2　打开材质编辑器，选择一个新的材质样本球，确定当前渲染器为 VRay 渲染器，将材质转换为 VRayMtl 材质，在"基本参数"卷展栏中设置"漫反射"、"发射"和"折射"的颜色为白色，在"反射"组中勾选"菲涅耳反射"选项，在"折射"组中设置"折射率"为 1.001、"最大深度"为 10，勾选"影响阴影"选项，选择"影响通道"类型为"颜色+Alpha"，如图 9-38 所示。

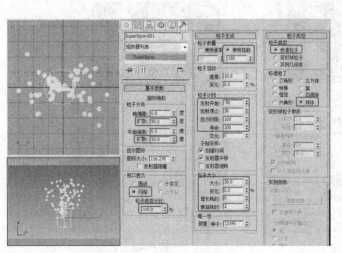

图 9-37

图 9-38

步骤 3 在"贴图"卷展栏中为"反射"指定"混合"贴图,进入贴图层级面板;在"混合参数"卷展栏中为"颜色#1"指定"渐变坡度"贴图,为"颜色#2"指定"渐变坡度",为"混合量"指定"波浪"贴图,如图9-39所示。

步骤 4 进入"颜色#1"的贴图层级面板,在"渐变坡度参数"卷展栏中设置渐变色块的颜色为绿>浅蓝>蓝色>紫色>红色>黄色,设置"渐变类型"为"法线"、"插值"为"线性",如图9-40所示。

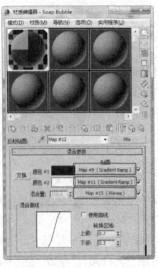

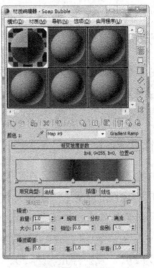

图9-39   图9-40

步骤 5 进入"颜色#2"的贴图层级面板,在"渐变坡度参数"卷展栏中设置渐变色块为红色>黄色>绿色>浅蓝>蓝色>紫色>红色,设置"渐变类型"为"线性"、"插值"为"线性"、"大小"为5.48、"相位"为0.7,如图9-41所示。

步骤 6 进入"混合量"的波浪贴图层级面板,在"波浪参数"卷展栏中设置"波浪组数量"为3、"波长最大值"为50、"振幅"为1.8、"波半径"为150、"波长最小值"为5、"相位"为0.8,选择"分布"为3D,如图9-42所示。

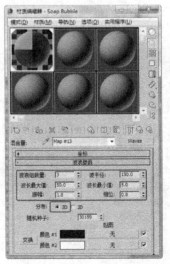

图9-41   图9-42

步骤 **7** 转到主材质面板，在"贴图"卷展栏中为"折射"指定"衰减"贴图，进入贴图层级面板，设置第一个色块的颜色为白色，设置第二个色块的颜色为浅灰色，如图 9-43 所示。

步骤 **8** 按 8 键，打开"环境和效果"面板，为背景指定"位图"贴图，贴图位于"随书附带光盘>贴图>paopao.jpg"文件，如图 9-44 所示。

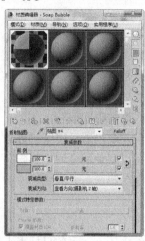

图 9-43　　　　　　　　　　　　　　　　　图 9-44

9.2.4 【相关工具】

"超级喷射"工具

"超级喷射"发射受控制的粒子喷射。此粒子系统与简单的喷射粒子系统类似，只是增加了所有新型粒子系统提供的功能。

◎ **"基本参数"卷展栏**

"基本参数"卷展栏如图 9-45 所示。

偏离轴：影响粒子流与 z 轴的夹角（沿着 x 轴的平面）。

扩散：影响粒子远离发射向量的扩散（沿着 x 轴的平面）。

平面偏离：影响围绕 z 轴的发射角度。如果"偏离轴"设置为 0，则此选项无效。

扩散：影响粒子围绕"平面偏离"轴的扩散。如果"偏离轴"设置为 0，则此选项无效。

图 9-45

图标大小：从中设置图标显示的大小。

发射器隐藏：勾选该选项则隐藏发射器。

粒子数百分比：通过百分数设置粒子的多少。

◎ **"粒子生成"卷展栏**

"粒子生成"卷展栏如图 9-46 所示。

粒子数量：在此组中，可以从随时间确定粒子数的两种方法中选择一种。

使用速率：指定每帧发射的固定粒子数。使用微调器可以设置每帧产生的粒子数。

使用总数：指定在系统使用寿命内产生的总粒子数。使用微调器可以设置每帧产生的粒子数。

粒子运动：以下微调器控制粒子的初始速度，方向为沿着曲面、边或顶点法线（为每个发射器点插入）。

速度：粒子在出生时沿着法线的速度（以每帧移动的单位数计）。

变化：对每个粒子的发射速度应用一个变化百分比。

粒子计时：以下选项指定粒子发射开始和停止的时间以及各个粒子的寿命。

发射开始：设置粒子开始在场景中出现的帧。

发射停止：设置发射粒子的最后一个帧。

显示时限：指定所有粒子均将消失的帧。

寿命：设置每个粒子的寿命（以从创建帧开始的帧数计）。

变化：指定每个粒子的寿命可以从标准值变化的帧数。

创建时间：允许向防止随时间发生膨胀的运动等式添加时间偏移。

发射器平移：如果基于对象的发射器在空间中移动，在沿着可渲染位置之间的几何体路径的位置上以整数倍数创建粒子，这样可以避免在空间中膨胀。

发射器旋转：如果发射器旋转，启用此选项可以避免膨胀，并产生平滑的螺旋形效果。默认设置为禁用状态。

图 9-46

粒子大小：以下微调器指定粒子的大小。

大小：可设置动画的参数根据粒子的类型指定系统中所有粒子的目标大小。

变化：每个粒子的大小可以从标准值变化的百分比。

增长耗时：粒子从很小增长到"大小"的值经历的帧数。结果受"大小"、"变化"值的影响，因为"增长耗时"在"变化"之后应用。使用此参数可以模拟自然效果，如气泡随着向表面靠近而增大。

衰减耗时：粒子在消亡之前缩小到其"大小"设置的 1/10 所经历的帧数。此设置也在"变化"之后应用。使用此参数可以模拟自然效果，如火花逐渐变为灰烬。

唯一性：通过更改此微调器中的 Seed（种子）值，可以在其他粒子设置相同的情况下，达到不同的结果。

新建：随机生成新的种子值。

种子：设置特定的种子值。

◎ "粒子类型"卷展栏

"粒子类型"卷展栏如图 9-47 所示。

粒子类型：使用几种粒子类型中的一种，如"变形球粒子"、"实例几何体"等。

标准粒子：使用几种标准粒子类型中的一种，如"三角形"、"立方体"、"特殊"、"面"、"恒定"、"四面体"、"六角形"和"球体"。

变形球粒子参数：如果在"粒子类型"组中选择了"变形球粒子"选项，则此组中的选项变为可用，且变形球作为粒子使用。变形球粒子需要额外的时间进行渲染，但是对于喷射和流动的液体，效果非常有效。

张力：确定有关粒子与其他粒子混合倾向的紧密度。张力越大，聚集越难，合并也越难。

变化：指定张力效果的变化的百分比。

计算粗糙度：指定计算变形球粒子解决方案的精确程度。

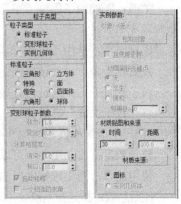

图 9-47

粗糙值越大，计算工作量越少。不过，如果粗糙值过大，可能变形球粒子效果很小，或根本没有效果。反之，如果粗糙值设置过小，计算时间可能会非常长。

渲染：设置渲染场景中的变形球粒子的粗糙度。如果启用了"自动粗糙度"选项，则此选项不可用。

视口：设置视口显示的粗糙度。如果启用了"自动粗糙度"选项，则此选项不可用。

自动粗糙：一般规则是，将粗糙值设置为介于粒子大小的 1/4 到 1/2 之间。如果启用此项，会根据粒子大小自动设置渲染粗糙度，视口粗糙度会设置为渲染粗糙度的大约两倍。

一个相连的水滴：如果禁用"默认设置"选项，将计算所有粒子；如果启用该选项，将使用快捷算法，仅计算和显示彼此相连或邻近的粒子。

实例参数：在"粒子类型"组中指定"实例几何体"时，使用这些选项。这样，每个粒子作为对象、对象链接层次或组的实例生成。

对象：显示所拾取对象的名称。

拾取对象：单击此选项，然后在视口中选择要作为粒子使用的对象。

且使用子树：如果要将拾取对象的链接子对象包括在粒子中，则启用此选项。如果拾取的对象是组，将包括组的所有子对象。

动画偏移关键点：因为可以为实例对象设置动画，此处的选项可以指定粒子的动画计时。

无：每个粒子复制原对象的计时。因此，所有粒子的动画的计时均相同。

出生：第一个出生的粒子是粒子出生时源对象当前动画的实例。每个后续粒子将使用相同的开始时间设置动画。

随机：当"帧偏移"设置为 0 时，此选项等同于"无"。否则，每个粒子出生时使用的动画都将与源对象出生时使用的动画相同，但会基于"帧偏移"微调器的值产生帧的随机偏移。

帧偏移：指定从源对象的当前计时的偏移值。

材质贴图和来源：指定贴图材质如何影响粒子，并且可以指定为粒子指定的材质的来源。

时间：指定从粒子出生开始完成粒子的一个贴图所需的帧数。

距离：指定从粒子出生开始完成粒子的一个贴图所需的距离（以单位计）。

材质来源：使用此按钮，下面的选项指定的来源更新粒子系统携带的材质。

图标：粒子使用当前为粒子系统图标指定的材质。

实例几何体：粒子使用为实例几何体指定的材质。

◎ "旋转和碰撞"卷展栏

"旋转和碰撞"卷展栏如图 9-48 所示。

自旋时间：粒子一次旋转的帧数。如果设置为 0，则不进行旋转。

变换：自旋时间的变化百分比。

相位：设置粒子的初始旋转（以度计）。此设置对碎片没有意义，碎片总是从零旋转开始。

变化：相位的变化百分比。

"自旋轴控制"组：以下选项确定粒子的自旋轴，并提供对粒子应用运动模糊的部分方法。

随机：每个粒子的自旋轴是随机的。

运动方向/运动模糊：围绕由粒子移动方向形成的向量旋转粒子。利用此选项还可以使用"拉伸"微调器对粒子应用一种运动模糊。

图 9-48

拉伸：如果大于 0，则粒子根据其速度沿运动轴拉伸。仅当选择了"运动方向/运动模糊"时，此微调器才可用。

用户定义：使用 X 轴、Y 轴和 Z 轴微调器中定义的向量。仅当选择了"用户定义"时，这些微调器才可用。

变化：每个粒子的自旋轴可以从指定的 X 轴、Y 轴和 Z 轴设置变化的量（以度计）。仅当选择了"用户定义"时，这些微调器才可用。

"粒子碰撞"组：以下选项允许粒子之间的碰撞，并控制碰撞发生的形式。

启用：在计算粒子移动时启用粒子间的碰撞。

计算每帧间隔：每个渲染间隔的间隔数，期间进行粒子碰撞测试。值越大，模拟越精确，但是模拟运行的速度将越慢。

反弹：设置在碰撞后速度恢复到的程度。

变化：应用于粒子的反弹值的随机变化百分比。

◎ "对象继承"卷展栏

"对象继承"卷展栏如图 9-49 所示。

影响：在粒子产生时，继承基于对象的发射器的运动的粒子所占的百分比。

倍增：修改发射器运动影响粒子运动的量。此设置可以是正数，也可以是负数。

图 9-49

变化：提供倍增值的变化百分比。

◎ "气泡运动"卷展栏

"气泡运动"卷展栏如图 9-50 所示。

幅度：粒子离开通常的速度矢量的距离。

变化：每个粒子所应用的振幅变化的百分比。

周期：粒子通过气泡"波"的一个完整振动的周期。

变化：每个粒子的周期变化的百分比。

相位：气泡图案沿着矢量的初始置换。

变化：每个粒子的相位变化的百分比。

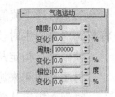

图 9-50

◎ "粒子繁殖"卷展栏

"粒子繁殖"卷展栏如图 9-51 所示。

"粒子繁殖效果"组：选择以下选项之一，可以确定粒子在碰撞或消亡时发生的情况。

无：不使用任何繁殖控件，粒子按照正常方式活动。

碰撞后消亡：粒子在碰撞到绑定的导向器（例如导向球）时消失。

持续：粒子在碰撞后持续的寿命（帧数）。如果将此选项设置为 0（默认设置），粒子在碰撞后立即消失。

变化：当"持续"大于 0 时，每个粒子的"持续"值将各有不同。

碰撞后繁殖：在与绑定的导向器碰撞时产生繁殖效果。

消亡后繁殖：在每个粒子的寿命结束时产生繁殖效果。

繁殖拖尾：在现有粒子寿命的每个帧，从相应粒子繁殖粒子。

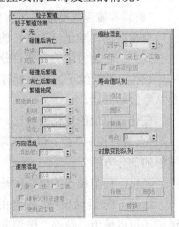

图 9-51

繁殖数目：除原粒子以外的繁殖数。

影响：指定将繁殖的粒子的百分比。如果减小此设置，会减少产生繁殖粒子的粒子数。

倍增：倍增每个繁殖事件繁殖的粒子数。

变化：逐帧指定"倍增"值将变化的百分比范围。

"方向混乱"组：从中设置粒子方向混乱。

混乱度：指定繁殖的粒子的方向可以从父粒子的方向变化的量。

"速度混乱"组：使用以下选项可以随机改变繁殖的粒子与父粒子的相对速度。

因子：繁殖的粒子的速度相对于父粒子的速度变化的百分比范围。

慢：随机应用速度因子，减慢繁殖的粒子的速度。

快：根据速度因子随机加快粒子的速度。

两者：根据速度因子，有些粒子加快速度，有些粒子减慢速度。

继承父粒子速度：除了速度因子的影响外，繁殖的粒子还继承母体的速度。

使用固定值：将"因子"值作为设置值，而不是作为随机应用于每个粒子的范围。

"缩放混乱"组：以下选项对粒子应用随机缩放。

因子：为繁殖的粒子确定相对于父粒子的随机缩放百分比范围，这还与以下选项相关。

向下：根据"因子"的值随机缩小繁殖的粒子，使其小于父粒子。

向上：随机放大繁殖的粒子，使其大于父粒子。

两者：将繁殖的粒子缩放为大于或小于其父粒子。

使用固定值：将"因子"的值作为固定值，而不是值范围。

"寿命值队列"组：以下选项可以指定繁殖的每一代粒子的备选寿命值的列表。

添加：将"寿命"微调器中的值加入列表窗口。

删除：将"寿命"微调器中的值从列表窗口删除。

替换：可以使用"寿命"微调器中的值替换队列中的值。使用时先将新值放入"寿命"微调器，再在队列中选择要替换的值，然后单击"替换"按钮。

寿命：设置一代粒子的寿命值。

"对象变形队列"组：使用此组中的选项，可以在带有每次繁殖"按照'繁殖数目'微调器设置"的实例对象粒子之间切换。

拾取：单击此按钮，然后在视口中选择要加入列表的对象。

删除：删除列表窗口中当前高亮显示的对象。

替换：使用其他对象替换队列中的对象。

◎ **"加载/保存预设"卷展栏**

"加载/保存预设"卷展栏如图 9-52 所示。

图 9-52

预设名：可以定义设置名称的可编辑字段，单击"保存"按钮保存预设名。

保存预设：包含所有保存的预设名。

加载：加载"保存预设"列表中当前高亮显示的预设。此外，在列表中双击预设名，可以加载预设。

保存：保存"预设名"字段中的当前名称，并放入"保存预设"窗口。

删除：删除"保存预设"窗口中的选定项。

中等职业教育数字艺术类规划教材

9.2.5 【实战演练】水面涟漪

水面涟漪主要是在场景中创建合适分段的平面，并创建几何可变形的"涟漪"工具。使用▨（绑定到空间扭曲）工具，将平面链接到涟漪上，设置参数制作出水面涟漪动画。（最终效果参看光盘中的"场景>第 9 章>9.2.5 水面涟漪.max"，见图 9-53。）

图 9-53

9.3 综合演练——星球爆炸

本例使用"粒子阵列"粒子系统，将粒子分布在几何体对象上，创建复杂的对象爆炸效果。（最终效果参看光盘中的"场景>第 9 章>9.3 星球爆炸.max"，见图 9-54。）

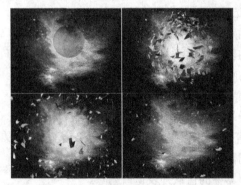

图 9-54

9.4 综合演练——下雪效果

使用"雪"粒子，设置合适的参数和材质完成下雪效果。（最终效果参看光盘中的"场景>第 9 章>下雪效果.max"，见图 9-55。）

图 9-55

第10章 MassFX

3ds Max 的 MassFX 提供了用于为项目添加真实物理模拟的工具集。该插件加强了特定于 3ds Max 的工作流，使用修改器和辅助对象对场景模拟的各个方面添加注释。

课堂学习目标

- MassFX 工具栏
- 刚体
- 布料

10.1 掉落的姜饼人

10.1.1 【案例分析】

本案例主要讲述一些姜饼人从高处掉落，碰撞地面的效果。

10.1.2 【设计理念】

使用刚体制作掉落的姜饼人，从中设置模型的模拟几何体属性，设置完成动画后预览动画，然后创建动画。（最终效果参看光盘中的"场景>第10章>10.1掉落的姜饼人.max"，见图10-1。）

图 10-1

10.1.3 【操作步骤】

步骤 1 重置一个新的场景文件，选择 ➍>导入>合并命令，在弹出的对话框中选择随书附带光盘"场景>第10章>姜饼人.max"，单击"打开"按钮，如图10-2所示。

步骤 2 在弹出的"合并"对话框中选择模型，单击"全部"按钮，再单击"确定"按钮，如图

10-3 所示。

 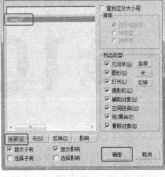

图 10-2　　　　　　　　　　　图 10-3

步骤 3　合并到场景中的姜饼人，如图 10-4 所示。

步骤 4　在场景中旋转姜饼人的角度，并在"顶"视图中创建平面，如图 10-5 所示。

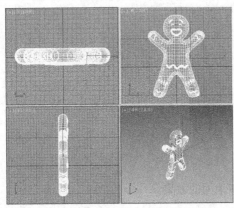 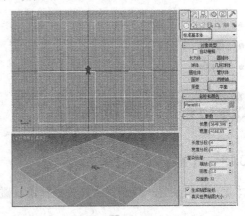

图 10-4　　　　　　　　　　　图 10-5

步骤 5　确定平面的栅格在水平面的黑线上，在场景中调整姜饼人到水平线向上的位置，如图 10-6 所示。

步骤 6　在工具栏中鼠标右击，在弹出的快捷菜单中选择"MassFX 工具栏"命令，如图 10-7 所示。

步骤 7　在场景中弹出 MassFX 工具栏，如图 10-8 所示。在场景中分别选择平面和姜饼人，在 MassFX 工具栏中单击 ◦ （将选定项设置为动力学刚体）按钮，将模型转为刚体模型。

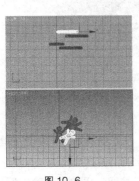  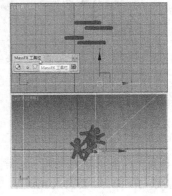

图 10-6　　　　　　图 10-7　　　　　　图 10-8

步骤 8 打开"渲染设置"面板，单击…按钮，在弹出的对话框中选择"V-Ray Adv"修改器，如图 10-9 所示。

步骤 9 打开材质编辑器，选择一个新的材质样本球，将材质转换为 VRayMtl。在"贴图"卷展栏中为"漫反射"指定"位图"贴图，贴图位于随书附带光盘"场景>贴图>back15_0192.gif"，如图 10-10 所示。

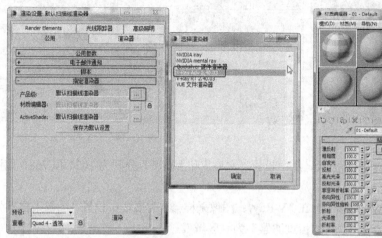

图 10-9

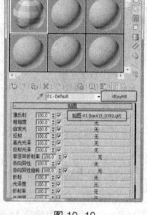

图 10-10

步骤 10 进入贴图层级面板，在"坐标"卷展栏中设置"瓷砖"的 UV 均为 5，如图 10-11 所示。

步骤 11 在场景中选择其中一个模型，切换到（修改）命令面板，在"刚体属性"卷展栏中单击"烘焙"按钮，烘焙刚体动画，如图 10-12 所示。

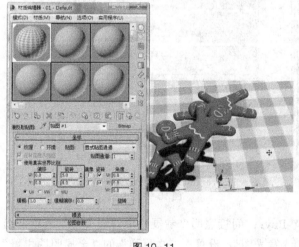

图 10-11

图 10-12

步骤 12 使用同样的方法分别烘焙其他的模型，如图 10-13 所示。

步骤 13 在场景中创建两盏 VR 灯光，调整灯光的角度和位置。在"参数"卷展栏中设置"倍增器"为 5，设置其中一盏的灯光颜色为浅蓝色，另一盏的灯光颜色为浅橘红色，如图 10-14 所示。

图 10-13

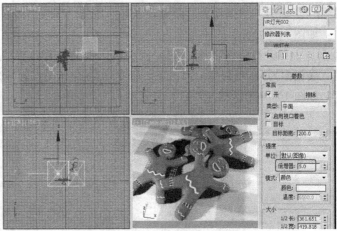

图 10-14

步骤 14 打开"渲染设置"面板，从中设置"宽度"和"高度"分别为 1024 和 768，如图 10-15 所示。

步骤 15 选择"V-Ray"选项卡，在"V-Ray：：图像采样器"卷展栏中设置"图像采样器"的"类型"为"固定"，选择"抗锯齿过滤器"为"区域"。

在"V-Ray：：固定图像采样器"卷展栏中设置"细分"为 8。

在"V-Ray：：颜色贴图"卷展栏中设置"类型"为"指数"，设置"暗色倍增"为 1.2、"亮度倍增"为 1.2，勾选"子像素贴图"、"钳制输出"和"影响背景"选项，如图 10-16 所示。

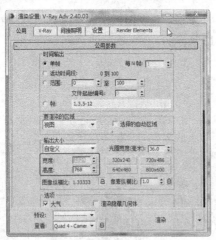

图 10-15

图 10-16

步骤 16 选择"间接照明"选项卡，在"V-Ray：：间接照明"卷展栏中勾选"开"选项，选择"首次反弹"的"全局照明引擎"为"发光图"；设置"二次反弹"的"全局照明引擎"为"灯光缓存"。在"V-Ray：：发光图"卷展栏中设置"当前预置"为"高"，如图 10-17 所示。

步骤 17 选择"V-Ray：：灯光缓存"卷展栏，从中设置"细分"为 1000，勾选"存储直接光"和"显示计算相位"选项，如图 10-18 所示。

图 10-17

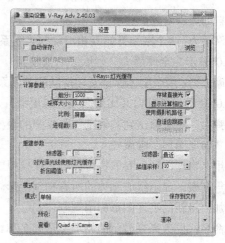

图 10-18

10.1.4　【相关工具】

"刚体"工具

◎ "刚体属性"卷展栏

"刚体属性"卷展栏如图 10-19 所示。

刚体类型：所有选定刚体的模拟类型。

直到帧：如果启用此选项，MassFX 会在指定帧处将选定的运动学刚体转换为动力学刚体。仅在"刚体类型"设置为"运动学"时可用。

烘焙/取消烘焙：将刚体的模拟运动转换为标准动画关键帧，以便进行渲染。仅应用于动力学刚体。

图 10-19

使用高速碰撞：如果启用此选项以及"世界"面板中的"使用高速碰撞"开关，"高速碰撞"设置将应用于选定刚体。

在睡眠模式中启动：如果启用此选项，刚体将使用世界睡眠设置以睡眠模式开始模拟。

与刚体碰撞：启用（默认设置）此选项后，刚体将与场景中的其他刚体发生碰撞。

◎ "物理材质"卷展栏

"物理材质"卷展栏如图 10-20 所示。

网格：使用下拉列表选择要更改其材质参数的刚体的物理图形。默认情况下，所有物理图形都使用名为"(对象)"的公用材质设置。只有"覆盖物理材质"复选框处于启用状态的物理图形才会显示在该列表中。

预设值：从下拉列表中选择一个预设，以指定所有的物理材质属性。（根据对象的密度和体积值对刚体的质量进行重新计算。）选中预设时，设置是不可编辑的，但是当预设设置为"(无)"时，可以编辑值。

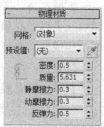

图 10-20

密度：此刚体的密度，度量单位为 g/cm³（克每立方厘米）。这是国际单位制 (kg/m³) 中等价质量单位的千分之一。根据对象的体积，更改此值将自动计算对象的正确质量。

质量：此刚体的重量，度量单位为 kg（千克）。根据对象的体积，更改此值将自动更新对象的密度。

静摩擦力：两个刚体开始互相滑动的难度系数。值为 0.0 表示无摩擦力（比聚四氟乙烯更滑）；值为 1.0 表示完全摩擦力（砂纸上的橡胶泥）。

动摩擦力：两个刚体保持互相滑动的难度系数。严格意义上来说，此参数称为"动摩擦系数"。值为 0.0 表示无摩擦力（比聚四氟乙烯更滑）；值为 1.0 表示完全摩擦力（砂纸上的橡胶泥）。

反弹力：对象撞击到其他刚体时反弹的轻松程度和高度。

◎ "物理图形"卷展栏

使用"物理图形"卷展栏可以编辑在模拟中指定给某个对象的物理图形，如图 10-21 所示。

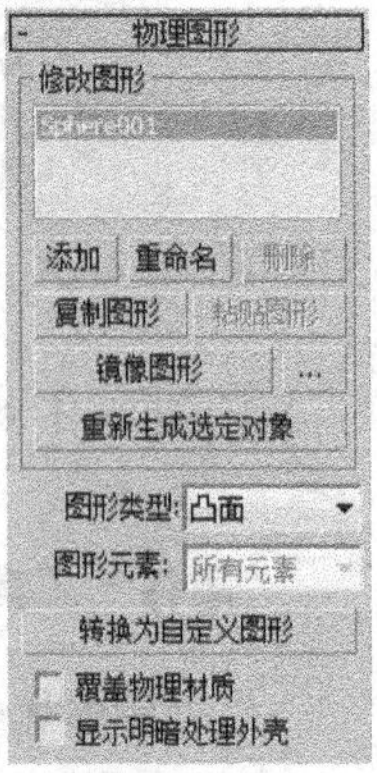

图形列表：显示组成刚体的所有物理图形。

添加：将新的物理图形应用到刚体。

重命名：更改高亮显示的物理图形的名称。

删除：将高亮显示的物理图形从刚体中删除。

复制图形：将高亮显示的物理图形复制到剪贴板以便随后粘贴。

粘贴图形：将之前复制的物理图形粘贴到当前刚体中。

镜像图形：围绕指定轴翻转图形几何体（请参见下文的"镜像图形设置"）。

"..."按钮：打开一个对话框，用于设置沿哪个轴对图形进行镜像，以及是使用局部轴还是世界轴。

重新生成选定对象：使列表中高亮显示的图形自适应图形网格的当前状态。

图形类型：物理图形类型，其应用于"修改图形"列表中高亮显示的项。

图形元素：使"图形"列表中高亮显示的图形适合从"图形元素"列表中选择的元素。

转换为自定义图形：单击该按钮时，将基于高亮显示的物理图形在场景中创建一个新的可编辑网格对象，并将物理图形类型设置为"自定义"。

覆盖物理材质：默认情况下，刚体中的每个物理图形使用在"物理材质"卷展栏上设置的材质设置。

显示明暗处理外壳：启用时，将物理图形作为明暗处理视口中的明暗处理实体对象（而不是线框）进行渲染。

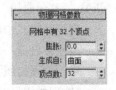

图 10-21

◎ "物理网格参数"卷展栏

根据具体的"图形类型"设置，"物理网格参数"卷展栏的内容会有所不同，如图 10-22 所示。在大多数情况下，"凸面"物理图形是默认类型。

图形中有 # 个顶点：此只读字段显示生成的凸面物理图形中的实际顶点数。

图 10-22

膨胀：将凸面图形从图形网格的顶点云向外扩展（正值）或向图形网格内部收缩（负值）的量。正值以世界单位计量，而负值基于缩减百分比。

生成自：选择创建凸面外壳的方法。

顶点数：用于凸面外壳的顶点数。

◎ "力"卷展栏

使用"力"卷展栏来控制重力，然后将力空间扭曲应用到刚体，如图 10-23 所示。

使用世界重力：禁用此选项时，刚体仅使用此处应用的力并忽略全局重力设置。启用此选项时，刚体将使用全局重力设置。

图 10-23

应用的场景力：列出会影响模拟中的此对象的场景中的力空间扭曲。使用"添加"按钮可以向对象应用一个空间扭曲。要防止空间扭曲影响对象，请在列表中高亮显示该空间扭曲，然后单击移除。

添加：将场景中的力空间扭曲应用到模拟中的对象。在将空间扭曲添加到场景后，请单击"添加"按钮，然后单击视口中空间扭曲。

移除：可防止应用的空间扭曲影响对象。首先在列表中高亮显示该空间扭曲，然后单击"移除"。

◎ "高级"卷展栏

"高级"卷展栏如图 10-24 所示。

覆盖解算器迭代次数：如果启用此选项，MassFX 将为此刚体使用在此处指定的解算器迭代次数设置，而不使用全局设置。

启用背面碰撞：仅可用于静态刚体。如果为凹面静态刚体指定原始图形类型，启用此选项可确保模拟中的动力学对象与其背面发生碰撞。

覆盖全局：如果启用此选项，MassFX 将为选定刚体使用在此处指定的碰撞重叠设置，而不使用全局设置。

接触距离：允许移动刚体重叠的距离。

支撑深度：允许支撑体重叠的距离。当使用捕获变换设置实体在模拟中的初始位置时，此设置可以发挥作用。

绝对/相对：此设置只适用于刚开始时为运动学类型（通常已设置动画）之后在指定帧处（通过"刚体属性"卷展栏上的"直到帧"指定）切换为动力学类型的刚体。

初始速度：刚体在变为动态类型时的起始方向和速度（每秒单位数）。

初始自旋：刚体在变为动态类型时旋转的起始轴和速度（每秒度数）。

以当前时间计算：适用于设置了动画的运动学刚体。确定设置了动画的对象在当前帧处的运动值，然后将"初始速度"和"初始自旋"字段设置为这些值。

从网格计算：基于刚体的几何体自动为刚体确定适当的质心。

使用轴：使用对象的轴作为其质心。

局部偏移：用于设置与用作质心的 X 轴、Y 轴和 Z 轴上对象轴的距离。

图 10-24

将轴移动到 COM：重新将对象的轴定位在"局部偏移"XYZ 值指定的质心。仅在"局部偏移"处于活动状态时可用。

线性：为减慢移动对象的速度所施加的力大小。

角度：为减慢旋转对象的旋转速度所施加的力大小。

10.1.5 【实战演练】掉在地板上的球

掉在地板上的球与掉落的姜饼人制作方法基本相同，其中还设置模型的质量参数。（最终效果参看光盘中的"场景>第 10 章>10.1.5 掉在地板上的球"，见图 10-25。）

图 10-25

10.2 被风吹动的窗帘

10.2.1 【案例分析】

被风吹动的窗帘会根据风力煽动布料进行摆动。

10.2.2 【设计理念】

本案例介绍使用布料修改器结合风力空间扭曲进行被风吹动的窗帘的动画设置。（最终效果参看光盘中的"场景>第 10章>10.2 被风吹动的窗帘.max"，见图 10-26。）

图 10-26

10.2.3 【操作步骤】

步骤 1 打开光盘中的"场景>第 10 章>10.2 被风吹动的窗帘 o.max"场景文件，如图 10-27 所示。

步骤 2 在场景中选择窗帘模型，在 MassFX 工具栏中单击 （布料）按钮，为窗帘指定"mCloth"修改器，如图 10-28 所示。

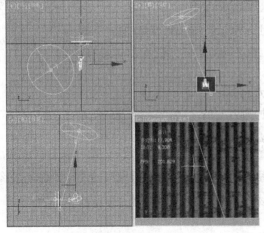

图 10-27

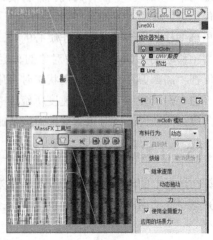

图 10-28

步骤 3 将选择集定义为"顶点"，在场景中选择如图 10-29 所示的顶点，在"组"卷展栏中单击"设定组"按钮，在弹出的对话框中使用默认参数，单击"确定"按钮。

步骤 4 创建组后，选择列表中的组，并单击"枢轴"按钮，如图 10-30 所示。

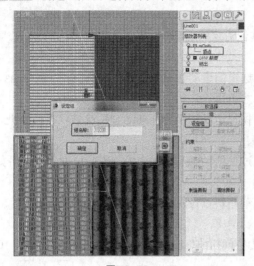

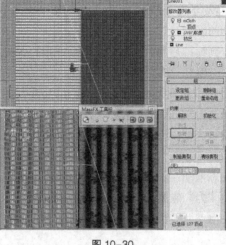

图 10-29　　　　　　　　　　　　　　　　图 10-30

步骤 5 在"前"视图中创建空间扭曲"风"，在场景中调整其位置，在"参数"卷展栏中设置"强度"为 5、"湍流"为 1、"频率"为 5、"比例"为 1，如图 10-31 所示。

步骤 6 选择窗帘，在"力"卷展栏中单击"添加"按钮，添加风空间扭曲。单击"烘焙"按钮，烘焙布料效果，如图 10-32 所示。使用同样的方法设置另一个窗帘布料的效果。

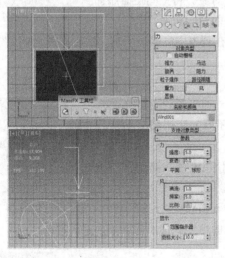

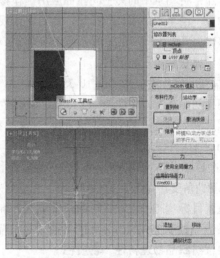

图 10-31　　　　　　　　　　　　　　　　图 10-32

10.2.4　【相关工具】

mCloth 工具

mCloth 是一种特殊版本的布料修改器，设计用于 MassFX 模拟。

◎ "mCloth 模拟"卷展栏

"mCloth 模拟"卷展栏如图 10-33 所示。

布料行为：确定 mCloth 对象如何参与模拟。

"动力学":mCloth 对象的运动影响模拟中其他对象的运动，也受这些对象运动的影响。

"运动学"：mCloth 对象的运动影响模拟中其他对象的运动，但不受这些对象运动的影响。

图 10-33

直到帧：启用时，MassFX 会在指定帧处将选定的运动学布料转换为动力学布料。仅在"布料行为"设置为"运动学"时才可用。

烘焙/取消烘焙：烘焙可以将 mCloth 对象的模拟运动转换为标准动画关键帧以进行渲染。仅适用于动力学 mCloth 对象。

继承速度：启用该选项时，mCloth 对象可通过使用动画从堆栈中的 mCloth 对象下面开始模拟。

动态拖动：不使用动画即可模拟，且允许拖动布料以设置其姿势或测试行为。

◎ "力"卷展栏

使用"力"卷展栏可以控制重力，以及将"力空间扭曲"应用于 mCloth 对象刚体，如图 10-34 所示。

使用全局重力：启用时，mCloth 对象将使用 MassFX 全局重力设置。

应用的场景力：列出场景中影响模拟中此对象的力空间扭曲。使用"添加"按钮：将空间扭曲应用于对象。要防止空间扭曲影响对象，请在列表中高亮显示它，然后单击"移除"按钮。

添加：将场景中的力空间扭曲应用于模拟中的对象。将空间扭曲添加到场景中后，请单击"添加"按钮，然后单击视口中的空间扭曲。

图 10-34

移除：可防止应用的空间扭曲影响对象。首先在列表中高亮显示它，然后单击"移除"按钮。

◎ "捕获状态"卷展栏

"捕获状态"卷展栏如图 10-35 所示。

捕捉初始状态：将所选 mCloth 对象缓存的第一帧更新到当前位置。

重置初始状态：将所选 mCloth 对象的状态还原为应用修改器堆栈中的 mCloth 之前的状态。

捕捉目标状态：抓取 mCloth 对象的当前变形，并使用该网格来定义三角形之间的目标弯曲角度。

图 10-35

重置目标状态：将默认弯曲角度重置为堆栈中 mCloth 下面的网格。

显示：显示布料的当前目标状态，即所需的弯曲角度。禁用此选项，然后继续。

◎ "纺织品物理特性"卷展栏

"纺织品物理特性"卷展栏如图 10-36 所示。

预设 > 加载：打开"mCloth 预设"对话框，用于从保存的文件中加载"纺织品物理特性"设置。

预设 > 保存：打开一个小对话框，用于将"纺织品物理特性"设置保存到预设文件。键入预设名称，然后按 Enter 键或单击"确定"按钮。

重力比：使用全局重力处于启用状态时重力的倍增。使用此选项可以模拟效果，如湿布料或重布料。

密度：布料的权重，以克每平方厘米为单位。

图 10-36

延展性：拉伸布料的难易程度。

弯曲度：折叠布料的难易程度。

使用正交弯曲：计算弯曲角度，而不是弹力。在某些情况下，该方法更准确，但模拟时间更长。

阻尼：布料的弹性，影响在摆动或捕捉后其还原到基准位置所经历的时间。

摩擦力：布料在其与自身或其他对象碰撞时抵制滑动的程度。

限制：布料边可以压缩或折皱的程度。

刚度：布料边抵制压缩或折皱的程度。

◎ **"体积特性"卷展栏**

"体积特性"卷展栏如图 10-37 所示。

启用气泡式行为：模拟封闭体积，如轮胎或垫子。

压力：充气布料对象的空气体积或坚固性。

图 10-37

◎ **"交互"卷展栏**

"交互"卷展栏如图 10-38 所示。

自相碰撞：启用时，mCloth 对象将尝试阻止自相交。

自厚度：用于自碰撞的 mCloth 对象的厚度。如果布料自相交，则尝试增加该值。

刚体碰撞：启用时，mCloth 对象可以与模拟中的刚体碰撞。

厚度：用于与模拟中的刚体碰撞的 mCloth 对象的厚度。如果其他刚体与布料相交，则尝试增加该值。

推刚体：启用时，mCloth 对象可以影响与其碰撞的刚体的运动。

推力：mCloth 对象对与其碰撞的刚体施加的推力的强度。

附加到碰撞对象：启用时，mCloth 对象会黏附到与其碰撞的对象。

影响：mCloth 对象对其附加到的对象的影响。

分离后：与碰撞对象分离前布料的拉伸量。

图 10-38

高速精度：启用该选项时，mCloth 对象将使用更准确的碰撞检测方法，但这样会降低模拟速度。

◎ **"撕裂"卷展栏**

撕裂卷展栏如图 10-39 所示。

允许撕裂：启用该选项时，布料中的预定义分割将在受到充足力的作用时撕裂。

撕裂后：布料边在撕裂前可以拉伸的量。

撕裂之前焊接：选择在出现撕裂之前 MassFX 如何处理预定义撕裂。

顶点：顶点分隔前在预定义撕裂中焊接（合并）顶点，更改拓扑。

法线：沿预定义的撕裂对齐边上的法线，将其混合在一起。此选项保留原始拓扑。

图 10-39

不焊接：不对撕裂边执行焊接或混合。

◎ **"可视化"卷展栏**

可视化卷展栏如图 10-40 所示。

张力：启用时，通过顶点着色的方法显示纺织品中的压缩和张力。拉伸的布料以红色表示，压缩的布料以蓝色表示，其他以绿色表示。

图 10-40

◎ "高级"卷展栏

"高级"卷展栏如图 10-41 所示。

抗拉伸：启用该选项时，帮助防止低解算器迭代次数值的过度拉伸。

限制：允许的过度拉伸的范围。

使用 COM 阻尼：影响阻尼，但使用质心，从而获得更硬的布料。

硬件加速：启用该选项时，模拟将使用 GPU。

解算器迭代次数：每个循环周期内解算器执行的迭代次数。使用较高值可以提高布料稳定性。

图 10-41

层次解算器迭代：层次解算器的迭代次数。在 mCloth 中，"层次"指的是在特定顶点上施加的力到相邻顶点的传播。此处使用较高值可提高传播的精度。

层次级别：力从一个顶点传播到相邻顶点的速度。增加该值可增加力在布料上扩散的速度。

10.2.5 【实战演练】彩旗飘飘

本案例使用 mColth 结合使用风空间扭曲制作彩旗飘飘的动画效果。（最终效果参看光盘中的"场景>第 10 章>10.2.5 彩旗飘飘.max"，见图 10-42。）

图 10-42

10.3 综合演练——保龄球

保龄球的动画使用路径约束和刚体来制作。（最终效果参看光盘中的"场景>第 10 章>10.3 保龄球.max"，见图 10-43。）

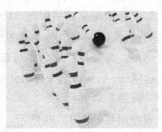

图 10-43

10.4 综合演练——陶罐的丝绸盖

本案例主要使用刚体和 mCloth 修改器来完成陶罐的丝绸盖效果。（最终效果参看光盘中的"场景>第 10 章>10.4 陶罐的丝绸盖.max"，见图 10-44。）

图 10-44

第11章 环境特效动画

本章将详细讲解 3ds Max 2014 中常用的"环境和效果"编辑器。"环境和效果"编辑器不但可以设置背景和背景贴图，还可以模拟现实生活中对象被特定环境围绕的现象，如雾、火苗。读者通过本章的学习，可以掌握 3ds Max 2014 环境特效动画的制作方法和应用技巧。

 课堂学习目标

- 环境编辑器
- 大气效果
- 效果编辑器
- 视频后期处理

11.1 环境编辑器简介

11.1.1 【操作目的】

学会使用"环境和效果"对话框制作各种环境效果。

11.1.2 【设计理念】

通过"环境和效果"对话框可以制作出火焰、体积光、雾、体积雾、景深、模糊等效果，还可以对渲染进行"亮度/对比度"的调节和对场景的曝光控制等。

11.1.3 【操作步骤】

使用环境功能可以执行以下效果的操作。

步骤 1 设置背景颜色和设置背景颜色动画。

步骤 2 在渲染场景（屏幕环境）的背景中使用图像，或者使用纹理贴图作为球形环境、柱形环境或收缩包裹环境。

步骤 3 设置环境光和设置环境光动画。

步骤 4 在场景中使用大气插件（例如体积光）。

步骤 5 将曝光控制应用于渲染。在菜单栏中选择"渲染 > 环境"命令，即可打开"环境和效果"对话框，如图 11-1 所示。

图 11-1

11.1.4 【相关工具】

1. "公用参数"卷展栏

"公用参数"卷展栏如图 11-2 所示。

"背景"组：从该组中设置背景的效果。

颜色：通过颜色选择器指定颜色作为单色背景。

环境贴图：通过其下的贴图按钮，可以打开"材质/贴图浏览器"，

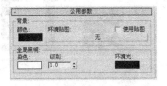

图 11-2

从中选择相应的贴图。

使用贴图：当指定贴图作为背景后，该选项自动被勾选，只有将它打开，贴图才有效。

"全局照明"组：该组中的参数主要是对整个场景的环境光进行调节。

染色：对场景中的所有灯光进行染色处理，默认为白色，不产生染色处理。

级别：增强场景中全部照明的强度。值为 1 时，不对场景中的灯光强度产生影响；大于 1 时，整个场景的灯光强度都增强；小于 1 时，整个场景的灯光都减弱。

环境光：设置环境光的颜色，它与任何灯光无关，不属于定向光源，类似现实生活中空气的漫射光。默认为黑色，即没有环境光照明，这样材质完全受到可视灯光的照明。同时，在材质编辑器中，材质的"环境光"属性也没有任何作用，当指定了环境光后，材质的"环境光"属性就会根据当前的环境光设置产生影响，最明显的效果是材质的暗部不是黑色，而是染上了这里设置的环境光色。环境光尽量不要设置得太广，因为这样会降低图像的饱和度，使效果变得平淡而发灰。

2. "曝光控制"卷展栏

"曝光控制"卷展栏如图 11-3 所示。

列表下拉框：选择要使用的曝光控制。

活动：启用该选项时，在渲染中使用该曝光控制；禁用该选项时，不应用该曝光控制。

图 11-3

处理背景与环境贴图：启用该选项时，场景背景贴图和场景环境贴图受曝光控制的影响；禁用该选项时，则不受曝光控制的影响。

预览窗口：缩略图显示应用了活动曝光控制的渲染场景的预览。渲染了预览后，再更改曝光控制设置时，将交互式更新。

渲染预览：单击该按钮可以渲染预览缩略图。

3. "大气"卷展栏

大气效果包括"火效果""雾""体积雾"和"体积光"4 种类型，在使用时它们的设置各有要求，这里主要介绍"大气"卷展栏，如图 11-4 所示。

添加：单击该按钮，在弹出的对话框中列出了 4 种大气效果，选择一种类型，如图 11-5 所示，单击"确定"按钮，在"大气"卷展栏中的"效果"列表中会出现添加的大气效果。

图 11-4

删除：将当前"效果"列表中选中的效果删除。

活动：勾选该选项时，"效果"列表中的大气效果有效；取消勾选时，则大气效果无效，但是参数仍然保留。

上移/下移：对左侧的大气效果的顺序进行上下移动，这样会决定渲染计算的先后顺序，最下面的先进行计算。

合并：单击该按钮，弹出文件选择对话框，允许从其他场景中合并大气效果，这样会将所有属性 Gizmo（线框）物体和灯光一同进行合并。

名称：显示当前选中大气效果的名称。

4. "效果"卷展栏

效果编辑器用于制作背景和大气效果。"效果"卷展栏如图 11-6 所示。

图 11-5

添加：用于添加新的特效场景，单击该按钮后，可以选择需要的特效。

删除：删除列表中当前选中的特效名称。

活动：在选中该复选框的情况下，当前特效发生作用。

上移：将当前选中的特效向上移动，新建的特效总是放在最下方，渲染时是按照从上至下的顺序进行计算处理的。

下移：将当前选中的特效向下移动。

合并：单击该按钮，弹出"打开"对话框，可以将其他场景的大气 Gizom（线框）和灯光一同进行合并到该场景中，这样会将所属 Gizmo（线框）物体和灯光一同进行合并。

名称：显示当前列表中选中的特效名称，这个名称可以自己指定。

图 11-6

镜头效果：同 Video Post 对话框中的镜头过滤器事件大体相同，只是参数的形式不同。

11.2　壁炉篝火

11.2.1　【案例分析】

使用"火效果"可以生成动画的火焰、烟雾和爆炸效果。可能的火焰效果用法包括篝火、火炬、火球、烟云和星云。

11.2.2　【设计理念】

本案例介绍使用"火效果"制作出烛火效果。（最终效果参看光盘中的"场景>第 11 章>11.2 心形燃烧的蜡烛.max"，见图 11-7。）

11.2.3　【操作步骤】

步骤 1 打开场景文件，如图 11-8 所示（光盘中的"场景>第 11 章>11.2 心形燃烧的蜡烛 o.max"），打开的蜡烛模型，如图 11-9 所示。

图 11-7

图 11-8　　　　　　　　　　　　　　　　　图 11-9

步骤 2 单击"（创建）>（辅助对象）>大气装置>球体 Gizmo"，在"顶"视图中蜡烛的位置创建球体 Gizmo，如图 11-10 所示。

步骤 3 在工具栏中选择使用（选择并均匀缩放）工具，在场景中缩放球体 Gizmo，如图 11-11 所示，并调整其合适的位置。

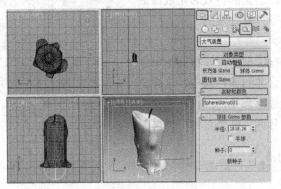

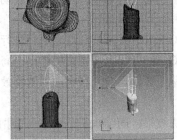

图 11-10　　　　　　　　　　　　　　　　图 11-11

步骤 4 按 8 键打开"环境和效果"面板，在"大气"卷展栏中单击"添加"按钮，在弹出的对话框中选择"火效果"，单击"确定"按钮，如图 11-12 所示。

步骤 5 添加"火效果"后，显示"火效果参数"卷展栏，单击"拾取 Gizmo"按钮，在场景中拾取球体 Gizmo，如图 11-13 所示。

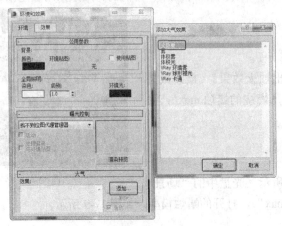

图 11-12　　　　　　　　　　　　　　　　图 11-13

步骤 6 在"图形"组中选择"火焰类行"为"火舌",在"特性"组中设置"火焰大小"为 35、"火焰细节"为 3、"密度"为 5、"采样"为 15,如图 11-14 所示。

步骤 7 确定当前渲染器为 Vray,如图 11-15 所示。

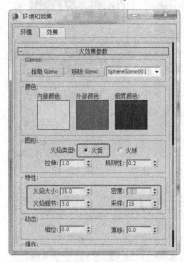

图 11-14

图 11-15

步骤 8 渲染场景,得到如图 11-16 所示的效果。

步骤 9 在场景中如图 11-17 所示的位置创建 VR 灯光,在"参数"卷展栏中设置"类型"为"球体",设置"倍增器"为 3,在"选项"组中勾选"不可见"选项。

图 11-16

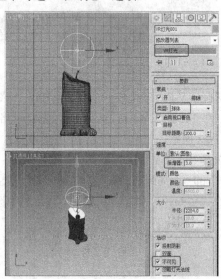

图 11-17

步骤 10 在"顶"视图中创建合适大小的平面,如图 11-18 所示。

步骤 11 打开材质编辑器,选择一个新的材质样本球,将材质转换为 VRayMtl 材质,设置"漫反射"和"反射"的颜色,勾选"菲涅耳反射"选项,如图 11-19 所示。

步骤 12 在场景中复制模型,并创建摄影机,如图 11-20 所示。

步骤 13 打开"渲染设置"面板,在"公用"选项卡中设置输出大小的尺寸,如图 11-21 所示。

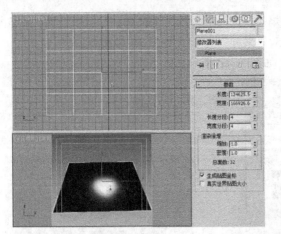

图 11-18

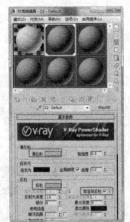

图 11-19

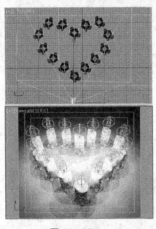

图 11-20

图 11-21

步骤 14 选择 "V-Ray" 选项卡，在 "V-Ray：图像采样器（反锯齿）" 卷展栏中选择 "图像采样器" 的 "类型" 为 "自适应确定性蒙特卡洛"；选择 "抗锯齿过滤器" 为 "Catmull-Rom"，如图 11-22 所示。

步骤 15 选择 "间接照明" 选项卡，勾选 "V-Ray：间接照明（GI）" 中的 "开" 选项，选择 "首次反弹" 的 "全局照明引擎" 为 "发光图"，选择 "二次反弹" 的 "全局照明引擎" 为 "灯光缓存"。在 "V-Ray：发光图（无名）" 卷展栏中选择 "当前预置" 为 "高"，如图 11-23 所示。

图 11-22

图 11-23

步骤 16 在 "V-Ray∷灯光缓存" 卷展栏中设置 "细分" 为 1200, 勾选 "存储直接光" 和 "显示计算相位" 选项, 如图 11-24 所示。

步骤 17 选择 "设置" 选项卡, 在 "V-Ray∷DMC 采样器" 卷展栏中设置 "噪波阈值" 为 0.005, 如图 11-25 所示。

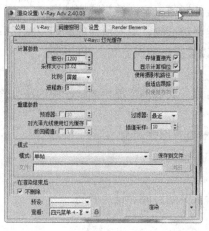

图 11-24

图 11-25

11.2.4 【相关工具】

"火效果" 大气

"火效果参数" 卷展栏如图 11-26 所示。

拾取 Gizmo: 通过单击该按钮进入拾取模式, 然后单击场景中的某个大气装置。在渲染时, 装置会显示火焰效果。装置的名称将添加到装置列表中。

移除 Gizmo: 移除 Gizmo 列表中所选的 Gizmo。Gizmo 仍在场景中, 但是不再显示火焰效果。

"颜色" 组: 可以使用 "颜色" 组中的色样为火焰效果设置 3 个颜色属性。

内部颜色: 设置效果中最密集部分的颜色。对于典型的火焰, 此颜色代表火焰中最热的部分。

外部颜色: 设置效果中最稀薄部分的颜色。对于典型的火焰, 此颜色代表火焰中较冷的散热边缘。

烟雾颜色: 设置用于 "爆炸" 选项的烟雾颜色。

"图形" 组: 使用 "图形" 组中的控件控制火焰效果中火焰的形状、缩放和图案。

火舌: 沿着中心使用纹理创建带方向的火焰。火焰方向沿着火焰装置的局部 Z 轴。"火舌" 创建类似篝火的火焰。

火球: 创建圆形的爆炸火焰。"火球" 很适合爆炸效果。

拉伸: 将火焰沿着装置的 z 轴缩放。

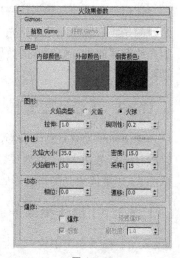

图 11-26

规则性: 修改火焰填充装置的方式。如果值为 1.0, 则填满装置, 效果在装置边缘附近衰减, 但是总体形状仍然非常明显; 如果值为 0.0, 则生成很不规则的效果, 有时可能会到达装置的边界, 但是通常会被修剪, 会小一些。

"特性"组：使用"特性"下的参数设置火焰的大小和外观。

火焰大小：设置装置中各个火焰的大小。

密度：设置火焰效果的不透明度和亮度。

火焰细节：控制每个火焰中显示的颜色更改量和边缘尖锐度。较低的值可以生成平滑、模糊的火焰，渲染速度较快。较高的值可以生成带图案的清晰火焰，渲染速度较慢。

采样：设置效果的采样率。值越高，生成的结果越准确，渲染所需的时间也越长。

"动态"组：使用"动态"组中的参数，可以设置火焰的涡流和上升的动画。

相位：控制更改火焰效果的速率。

漂移：设置火焰沿着火焰装置的 z 轴的渲染方式。较低的值提供燃烧较慢的冷火焰，较高的值提供燃烧较快的热火焰。

"爆炸"组：使用"爆炸"组中的参数可以自动设置爆炸动画。

爆炸：根据相位值动画自动设置大小、密度和颜色的动画。

烟雾：控制爆炸是否产生烟雾。

设置爆炸：显示设置爆炸相位曲线对话框，输入开始时间和结束时间。

剧烈度：改变相位参数的涡流效果。

11.2.5 【实战演练】壁炉火效果

本例介绍创建半球体 gizmo，为半球体 Gizmo 指定火效果，完成壁炉火效果。（最终效果参看光盘中的"场景>第 11 章>11.2.5 壁炉火效果.max"，见图 11-27。）

11.3 使用体积光制作云彩

11.3.1 【操作目的】

体积光是模拟自然光从窗户外或大自然中的树叶缝隙照射的光线，属于一种自然光。体积光也是一种环境效果的光线烟雾效果，使制作的效果可以充分表现阳光及聚光灯照射的光束。

图 11-27

11.3.2 【设计理念】

使用体积光效果制作云彩，该效果可以用来制作动画，来模拟云彩效果。（最终效果参看光盘中的"场景>第 11 章>11.3 使用体积光制作云彩.max"，见图 11-28。）

11.3.3 【操作步骤】

步骤 1 在场景中创建一盏标准灯光"目标聚光灯"，在"常规参数"卷展栏中勾选"阴影"组中的"启用"

图 11-28

选项，设置阴影类型为"阴影贴图"。在"聚光灯参数"卷展栏中设置"聚光区/光束"和"衰减区/区域"分别为 0.5 和 45。在"强度/颜色/衰减"卷展栏中勾选"远距衰减"组中的"使用"和"显示"选项，设置"开始"为 700、"结束"为 800，如图 11-29 所示。

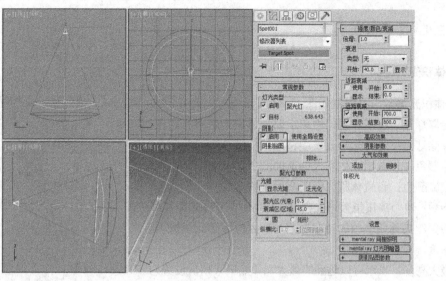

图 11-29

步骤 2 按 8 键，打开"环境和效果"面板，设置背景的"颜色"为天空的蓝色。在"大气"卷展栏中单击"添加"按钮，在弹出的对话框中选择"体积光"，添加体积光大气效果，如图 11-30 所示。

步骤 3 在"体积光参数"卷展栏中勾选"指数"选项，设置"密度"为 5、"最大亮度%"为 90、"最小亮度%"为 0；选择"过滤阴影"为"低"；勾选"噪波"组中的"启用噪波"选项，设置"数量"为 0.8；选择"类型"为"湍流"；设置"噪波阈值"的"高"为 0.4、"低"为 0.2、"均匀性"为 0、"级别"为 5、"大小"为 100，如图 11-31 所示。

图 11-30

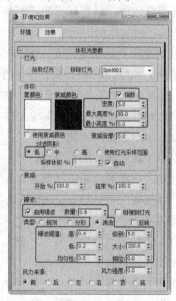

图 11-31

11.3.4 【相关工具】

"体积光"效果

"体积光参数"卷展栏如图 11-32 所示。

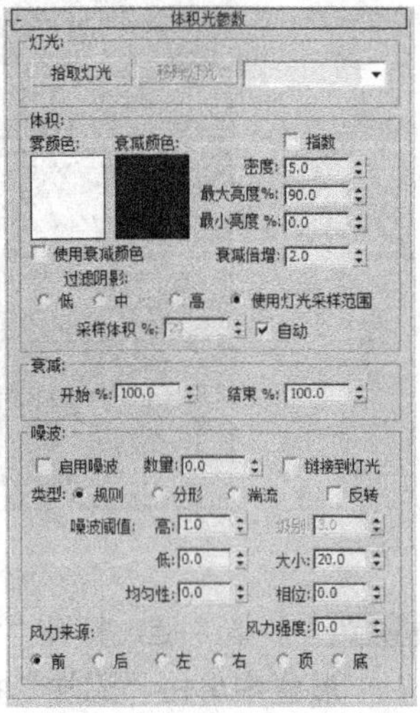

拾取灯光：在任意视口中单击要为体积光启用的灯光。

移除灯光：将灯光从列表中移除。

雾颜色：设置组成体积光的雾的颜色。

衰减颜色：设置体积光随距离而衰减。

指数：随距离按指数增大密度。禁用时，密度随距离线性增大。
只有希望渲染体积雾中的透明对象时，才应激活此复选项。

密度：设置雾的密度。

最大亮度：表示可以达到的最大光晕效果（默认设置为 90%）。

最小亮度：与环境光设置类似。如果"最小亮度%"大于 0，
光体积外面的区域也会发光。

衰减倍增：调整衰减颜色的效果。

过滤阴影：用于通过提高采样率（以增加渲染时间为代价）获
得更高质量的体积光渲染。

图 11-32

低：不过滤图像缓冲区，而是直接采样。

中：对相邻的像素采样求平均值。对于出现条带类型缺陷的情况，可以使质量得到非常明显的改进。

高：对相邻的像素和对角像素采样，为每个像素指定不同的权重。

使用灯光采样范围：根据灯光的阴影参数中的采样范围值，使体积光中投射的阴影变模糊。

采样体积%：控制体积的采样质量。

自动：自动控制"采样体积%"参数，禁用微调器（默认设置）。

衰减：此部分的控件取决于单个灯光的开始范围和结束范围衰减参数的设置。

开始%：设置灯光效果的开始衰减，与实际灯光参数的衰减相对。

结束%：设置照明效果的结束衰减，与实际灯光参数的衰减相对。

启用澡波：启用和禁用噪波。

数量：应用于雾的噪波的百分比。

链接到灯光：将噪波效果链接到其灯光对象，而不是世界坐标。

类型：从"规则"、"分形"、"湍流" 3 种噪波类型中选择要应用的一种类型。

反转：反转噪波效果。

澡波阈值：限制噪波效果"高"、"低"。

级别：设置噪波迭代应用的次数。

大小：确定烟卷或雾卷的大小。值越小，卷越小。

均匀性：作用类似高通过滤器，值越小，体积越透明，包含分散的烟雾泡。

11.3.5 【实战演练】室内体积光效果

本例介绍使用标准灯光"目标聚光灯"作为投射到室内的灯光，并为其指定"体积光"大气，
来模拟室内体积光效果。（最终效果参看光盘中的"场景>第 11 章>11.3.5 室内体积光效果.max"，

见图 11-33。）

图 11-33

11.4　其他"大气"

11.4.1　【操作目的】

雾和体积雾用来表现一种自然现象，可以使制作的效果产生真实的自然环境。

11.4.2　【设计理念】

"雾"效果会呈现雾或烟的外观。雾可使对象随着与摄影机距离的增加逐渐衰减（标准雾），或提供分层雾效果，使所有对象或部分对象被雾笼罩。"体积雾"提供雾效果，雾密度在 3D 空间中不是恒定的。"体积雾"提供吹动的云状雾效果，似乎在风中飘散。

11.4.3　【操作步骤】

按 8 键，打开"环境和效果"对话框，在"大气"卷展栏中单击"添加"按钮，在弹出的对话框中选择需要指定的大气，单击"确定"按钮。

11.4.4　【相关工具】

1. "体积雾"效果

"体积雾"提供雾效果，雾密度在 3D 空间中不是恒定的。"体积雾"提供吹动的云状雾效果，似乎在风中飘散。

"体积雾参数"卷展栏如图 11-34 所示。

拾取 Gizmo：通过单击该按钮进入拾取模式，然后单击场景中的某个大气装置。在渲染时，装置会包含体积雾。装置的名称将添加到装置列表中。

图 11-34

移除 Gizmo：将 Gizmo 从体积雾效果中移除。

柔化 Gizmo 边缘：羽化体积雾效果的边缘。值越大，边缘越柔化。

颜色：设置雾的颜色。

指数：随距离按指数增大密度。禁用时，密度随距离线性增大。

密度：控制雾的密度。

步长大小：确定雾采样的粒度，即雾的细度。

最大步数：限制采样量，以便雾的计算不会永远执行（字面上）。如果雾的密度较小，此选项尤其有用。

雾化背景：将雾功能应用于场景的背景。

噪波：体积雾的噪波选项相当于材质的噪波选项。

类型：从 3 种噪波类型中选择要应用的一种类型。

规则：标准的噪波图案。

分形：迭代分形噪波图案。

湍流：迭代湍流图案。

反转：反转噪波效果。浓雾将变为半透明的雾，反之亦然。

澡波阈值：限制噪波效果。

高：设置高阈值。

级别：设置噪波迭代应用的次数。

低：设置低阈值。

大小：确定烟卷或雾卷的大小。值越小，卷越小。

均匀性：范围从-1 到 1，作用与高通过滤器类似。值越小，体积越透明，含分散的烟雾泡。

相位：控制风的种子。如果风力强度的设置也大于 0，雾体积会根据风向产生动画。

风力强度：控制烟雾远离风向（相对于相位）的速度。

风力来源：定义风来自于哪个方向，有"前""后""左""右""顶"和"底"6 个选项。

2. "雾"效果

"雾参数"卷展栏如图 11-35 所示。

颜色：设置雾的颜色。

环境颜色贴图：从贴图导出雾的颜色。

环境部透明度贴图：更改雾的密度。指定不透明度贴图，并进行编辑，按照环境颜色贴图的方法切换其效果。

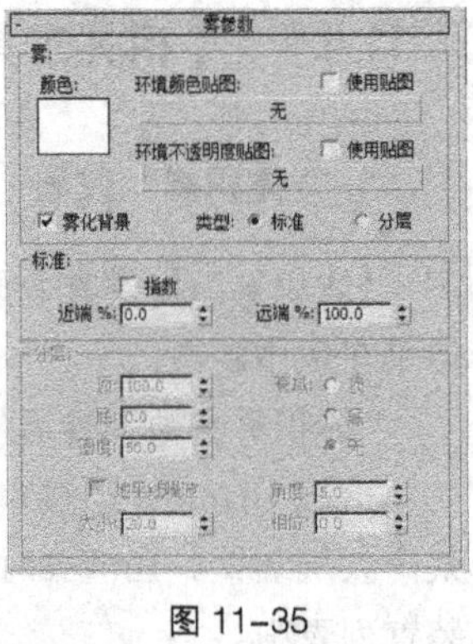

使用贴图：切换此贴图效果的启用或禁用。

雾化背景：将雾功能应用于场景的背景。

类型：选中"标准"选项时，将使用"标准"部分的参数；选中"分层"选项时，将使用"分层"部分的参数。

标准：根据与摄影机的距离使雾变薄或变厚。

指数：随距离按指数增大密度。禁用时，密度随距离线性增大。只有希望渲染体积雾中的透明对象时，才应激活此复选项。

近端%：设置雾在近距范围的密度。

远端%：设置雾在远距范围的密度。

图 11-35

分层：使雾在上限和下限之间变薄和变厚。通过向列表中添加多个雾条目，雾可以包含多层。因为可以设置所有雾参数的动画，所以，也可以设置雾上升和下降、更改密度和颜色的动画，并添加地平线噪波。

顶：设置雾层的上限。

底：设置雾层的下限。

密度：设置雾的总体密度。

衰减：添加指数衰减效果，使密度在雾范围的"顶"或"底"减小到 0。

地平线澡波：启用地平线噪波系统。

大小：应用于噪波的缩放系数。缩放系数值越大，雾卷越大。默认设置为 20。

角度：确定受影响的与地平线的角度。例如，如果角度设置为 5（合理值），从地平线以下 5 度开始，雾开始散开。

相位：设置此参数的动画将设置噪波的动画。如果相位沿着正向移动，雾卷将向上漂移（同时变形）。如果雾高于地平线，可能需要沿着负向设置相位的动画，使雾卷下落。

11.4.5　【实战演练】体积雾效果

本例介绍如何使用体积雾效果，制作雾的效果。（最终效果参看光盘中的"场景>第 11 章> 11.4.5 体积雾.max"，见图 11-36。）

图 11-36

11.5　太阳耀斑

11.5.1　【案例分析】

太阳耀斑是一种最剧烈的太阳活动。其主要观测特征是，日面上（常在黑子群上空）突然出现迅速发展的亮斑闪耀，其寿命仅在几分钟到几十分钟之间，亮度上升迅速，下降较慢。特别是在耀斑出现频繁且强度变强的时候。

11.5.2　【设计理念】

本案例介绍为背景指定位图贴图，创建灯光，并设置灯光的"镜头光晕"效果。（最终效果参看光盘中的"场景>第 11 章>11.5 太阳耀斑.max"，见图 11-37。）

图 11-37

11.5.3　【操作步骤】

步骤 1　按 8 键，打开"环境和效果"面板，为"背景"指定贴图，选择贴图（贴图位于随书附带光盘中的"贴图>re.jpg"文件），如图 11-38 所示。

步骤 2　将环境背景的贴图拖曳到材质编辑器的样本球上，在弹出的对话框中选择"实例"选项，如图 11-39 所示。

步骤 3　在"坐标"卷展栏中选择"环境"选项，选择"贴图"类型为"屏幕"，如图 11-40 所示。

步骤 4　选择"透视"图，按快捷键 Alt+B 组合键，在弹出的对话框中选择"使用环境背景"选项，单击"确定"按钮，如图 11-41 所示。

步骤 5　打开"渲染设置"面板，从中设置输出大小的尺寸，如图 11-42 所示。

步骤 6　在"透视"图中按 Shift+F 组合键显示安全框，并在场景中创建"泛光"等，如图 11-43 所示。

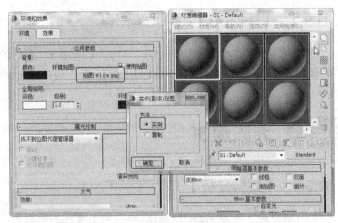

图 11-38

图 11-39

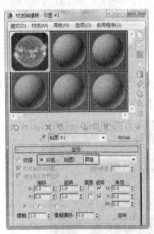

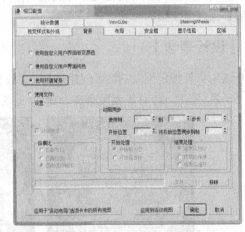

图 11-40

图 11-41

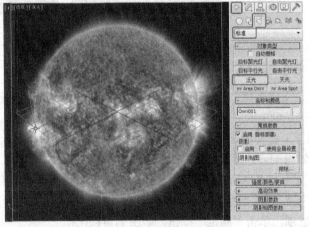

图 11-42

图 11-43

步骤 7 在"环境和效果"面板中选择"效果"选项卡，在"效果"卷展栏中单击"添加"按钮，在弹出的对话框中选择"镜头效果"，单击"确定"按钮，如图 11-44 所示。

步骤 8 在"镜头效果全局"卷展栏中单击"拾取灯光"按钮，在场景中拾取泛光灯，如图 11-45 所示。

图 11-44

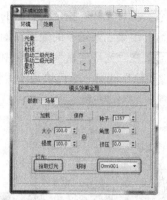

图 11-45

步骤 9 在"镜头效果参数"卷展栏中选择右侧的"光晕",单击 > 按钮,将光晕指定到右侧的
列表中,如图 11-46 所示。

步骤 10 渲染当前效果,如图 11-47 所示。

图 11-46

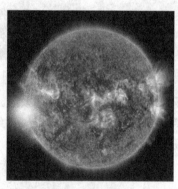

图 11-47

步骤 11 在"光晕元素"卷展栏中设置"大小"为 30,设置"径向颜色"第一个色块为浅黄色,
第二个色块为橘红色,如图 11-48 所示。

步骤 12 设置光晕后的效果,如图 11-49 所示。

图 11-48

图 11-49

步骤 13 将"光环"指定到右侧的列表中，如图 11-50 所示。

步骤 14 渲染当前场景的效果，如图 11-51 所示。

步骤 15 在"光环元素"卷展栏中设置"大小"为 10、"强度"为 40、"厚度"为 10，设置"镜像颜色"的第一个色块为浅黄色，设置第二个色块的颜色为橘红色，如图 11-52 所示。

图 11-50

图 11-51

图 11-52

步骤 16 渲染场景得到如图 11-53 所示的效果。

步骤 17 在"镜头效果参数"卷展栏中将"射线"指定到右侧的列表中，如图 11-54 所示。

步骤 18 渲染场景得到如图 11-55 所示的效果。

图 11-53

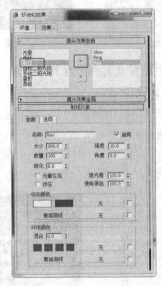
图 11-54

图 11-55

步骤 19 在"镜头效果参数"卷展栏中将"星形"指定到右侧的列表中，如图 11-56 所示。

步骤 20 渲染场景得到如图 11-57 所示的效果。

图 11-56

图 11-57

步骤 21 在"星形元素"卷展栏中设置"大小"为 50、"宽度"为 2、"锥化"为 0.5、"强度"为 20、"角度"为 0、"锐化"为 9.5，如图 11-58 所示。

步骤 22 渲染场景得到最终图像，如图 11-59 所示。

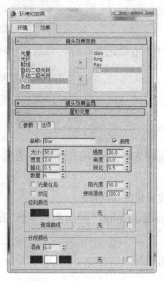

图 11-58

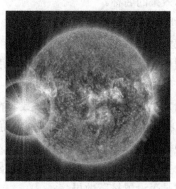

图 11-59

11.5.4 【相关工具】

"镜头效果"卷展栏

◎ **"镜头效果参数"卷展栏**

"镜头效果"可创建通常与摄影机相关的真实效果。镜头效果包括光晕、光环、射线、自动从属光、手动从属光、星形和条纹。

"镜头效果参数"卷展栏如图 11-60 所示。

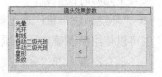

图 11-60

在左侧的文本列表中显示的是镜头效果，双击指定到对面的文本框中，或者使用 > 、 < 两个按钮。

◎ "镜头效果全局" 卷展栏

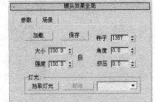

图 11-61

"镜头效果全局" 卷展栏如图 11-61 所示。

加载：显示加载镜头效果文件对话框，可以用于打开 LZV 文件。

保存：显示保存镜头效果文件对话框，可以用于保存 LZV 文件。

大小：影响总体镜头效果的大小。此值是渲染帧的大小的百分比。

强度：控制镜头效果的总体亮度和不透明度。值越大，效果越亮，越不透明；值越小，效果越暗越透明。

种子：为镜头效果中的随机数生成器提供不同的起点，创建略有不同的镜头效果，而不更改任何设置。使用"种子"可以保证镜头效果不同，即使差异很小。

角度：影响在效果与摄影机相对位置改变时，镜头效果从默认位置旋转的量。

挤压：在水平方向或垂直方向挤压总体镜头效果的大小，补偿不同的帧纵横比。正值在水平方向拉伸效果，而负值在垂直方向拉伸效果。

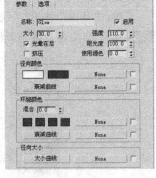

"灯光"组：可以选择要应用镜头效果的灯光。

拾取灯光：可以直接通过视口选择灯光。

移除：移除所选的灯光。

◎ "光晕元素" 卷展栏

图 11-62

指定镜头光晕后显示光晕参数如图 11-62 所示为"光晕元素"卷展栏。

名称：显示效果的名称。

启用：激活时将效果应用于渲染图像。

大小：确定效果的大小。

强度：控制单个效果的总体亮度和不透明度。值越大，效果越亮，越不透明；值越小，效果越暗，越透明。

阻光度：确定镜头效果场景阻光度参数对特定效果的影响程度。

使用源色：将应用效果的灯光或对象的源色与 Radial Color（径向颜色）或 Circular Color（环绕颜色）参数中设置的颜色或贴图混合。

光晕在后：提供可以在场景中的对象后面显示的效果。

挤压：确定是否设置挤压效果。

"径向颜色"组：设置影响效果的内部颜色和外部颜色。可以通过设置色样，设置镜头效果的内部颜色和外部颜色，也可以使用渐变位图或细胞位图等，确定径向颜色。

衰减曲线：单击该按钮显示对话框，在该对话框中可以设置径向颜色中使用的颜色的权重。通过操作衰减曲线，可以对效果更多地使用颜色或贴图。也可以使用贴图确定在使用灯光作为镜头效果光源时的衰减。

"环绕颜色"组：通过使用 4 种与效果的 4 个四分之一圆匹配的不同色样，确定效果的颜色，也可以使用贴图确定环绕颜色。

混合：混合在"径向颜色"和"环绕颜色"中设置的颜色。

衰减曲线：显示对话框，在该对话框中可以设置环绕颜色中使用的颜色的权重。

"径向大小"组：确定围绕特定镜头效果的径向大小。

大小曲线：单击该按钮将显示对话框。使用"径向大小"对话框可以在线上创建点，然后将这些点沿着图形移动，确定效果应放在灯光或对象周围的哪个位置。也可以使用贴图确定效果应放在哪个位置。使用复选框激活贴图。

"光晕元素"卷展栏中的"选项"选项卡，如图 11-63 所示。

灯光：将效果应用于"镜头效果全局"中拾取的灯光。

图像：将效果应用于使用"图像源"中设置的参数渲染的图像。

图像中心：应用于对象中心或对象中由图像过滤器确定的部分。

对象 ID：将效果应用于场景中设置了 G 缓冲区的模型。

材质 ID：将效果应用于场景中设置了材质 ID 的材质对象。

非钳制：超亮度颜色比纯白色 (255,255,255) 要亮。

曲面法线：根据摄像机曲面法线的角度将镜头效果应用于对象的一部分。

图 11-63

全部：将镜头效果应用于整个场景，而不仅仅应用于几何体的特定部分。

Alpha：将镜头效果应用于图像的 Alpha 通道。

Z 高、Z 低：根据对象到摄影机的距离（Z 缓冲区距离），高亮显示对象。高值为最大距离，低值为最小距离。这两个 Z 缓冲区距离之间的任何对象均将高亮显示。

"图像过滤器"组：通过过滤 Image Sources（图像源）选择，可以控制镜头效果的应用方式。

全部：选择场景中的所有源像素，并应用镜头效果。

边缘：选择边界上的所有源像素，并应用镜头效果。沿着对象边界应用镜头效果，将在对象的内边和外边上生成柔化光晕。

周界 Alpha：根据对象的 alpha 通道，将镜头效果仅应用于对象的周界。如果选择此选项，则仅在对象的外围应用效果，而不会在内部生成任何斑点。

周界：根据边条件，将镜头效果仅应用于对象的周界。

亮度：根据源对象的亮度值过滤源对象，效果仅应用于亮度高于微调器设置的对象。

色调：按色调过滤源对象。单击微调器旁边的色样，可以选择色调。可以选择的色调值范围为从 0 到 255。

"附加效果"组：使用"附加效果"可以将噪波等贴图应用于镜头效果。单击"应用"复选框旁边的长按钮，可以显示"材质/贴图浏览器"。

应用：激活时应用所选的贴图。

径向密度：确定希望应用其他效果的位置和程度。

◎ "光环元素"卷展栏

指定光环后显示"光环元素"卷展栏中的"参数"选项卡，如图 11-64 所示。

其中相同的参数这里就不介绍了。

厚度：确定效果的厚度（像素数）。

平面：沿效果轴设置效果位置，该轴从效果中心延伸到屏幕中心。

◎ "射线元素"卷展栏

"射线元素"卷展栏中的"参数"选项卡，如图 11-65 所示。

中等职业教育数字艺术类规划教材

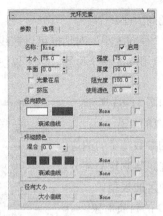
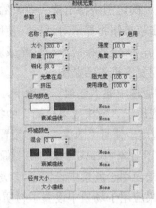

图 11-64　　　　　　　　图 11-65

数量：指定镜头光斑中出现的总射线数，射线在半径附近随机分布。

锐化：指定射线的总体锐度。数字越大，生成的射线越鲜明、清洁和清晰。数字越小，产生的二级光晕越多。

角度：指定射线的角度。可以输入正值，也可以输入负值，这样在设置动画时，射线可以绕着顺时针或逆时针方向旋转。

◎ "自动二级光斑元素" 卷展栏

"自动二级光斑元素" 卷展栏中的 "参数" 选项卡如图 11-66所示。

最小：控制当前集中二级光斑的最小大小。

最大：控制当前集中二级光斑的最大大小。

轴：定义自动二级光斑沿其进行分布的轴的总长度。

数量：控制当前光斑集中出现的二级光斑数。

边数：控制当前光斑集中二级光斑的形状。默认设置为圆形，但是可以从 3 面到 8 面二级光斑之间进行选择。

彩虹：在该下拉列表中选择光斑的径向颜色。

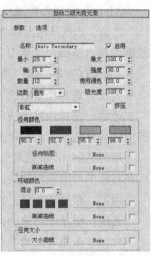

图 11-66

径向颜色：设置影响效果的内部颜色和外部颜色。可以通过设置色样，设置镜头效果的内部颜色和外部颜色。每个色样有一个百分比微调器，用于确定颜色应在哪个点停止，下一个颜色应在哪个点开始。也可以使用渐变位图或细胞位图等确定径向颜色。

◎ "星形元素" 卷展栏

"星形元素" 卷展栏中的 "参数" 选项卡如图 11-67 所示。

锥化：控制星形各辐射线的锥化。

数量：指定星形效果中的辐射线数，默认值为 6。辐射线围绕光斑中心，按照等距离点间隔。

分段颜色组：通过使用 3 种与效果的 3 个截面匹配的不同色样，确定效果的颜色。也可以使用贴图确定截面颜色。

混合：混合在 "径向颜色" 和 "分段颜色" 中设置的颜色。

图 11-67

11.5.5 【实战演练】路灯效果

本例介绍如何使用体积雾效果,制作路灯效果。(最终效果参看光盘中的"场景>第 11 章>11.5.5 路灯效果.max",见图 11-68。)

图 11-68

11.6 / 其他"效果"

11.6.1 【操作目的】

通过效果对场景的一些列设置可以得到更为满意的模型和场景效果。

11.6.2 【设计理念】

"Hair 和 Fur"可以制作毛发效果;"模糊"可以设置渲染图像的模糊效果;"亮度和对比度"可以设置输出图像的亮度和对比度效果;"色彩平衡"可以调整场景图像的偏色;"景深"可以设置场景的景深效果;"文件输出"可以设置文件的输出参数;"胶片颗粒"可以设置输出图像的颗粒效果;"运动模糊"可以设置运动中的模型的运动模糊效果。

11.6.3 【操作步骤】

按 8 键,打开"环境和效果"对话框,在"效果"选项卡中单击"效果"卷展栏中的"添加"按钮,在弹出的对话框中选择需要指定的效果,单击"确定"按钮。

11.6.4 【相关工具】

1. "Hair 和 Fur"卷展栏

"Hair 和 Fur"卷展栏如图 11-69 所示。

头发:在列表中选择用于渲染头发的方法。

照明:在列表中选择毛发接受的照明方式。

mr 体素分辨率:仅适用于"几何体"和 mr prim 头发选项。

光线跟踪反射/折射:仅适用于"缓冲"头发选项。启用该选项时,反射和折射就变成光线跟踪的反射和折射;禁用该选项时,反射和折射就照常计算。

运动模糊:为了渲染运动模糊的头发,必须为成长对象启用"运动模糊"。

持续时间:"运动模糊"计算用于每帧的帧数。

时间间隔:持续时间中在模糊之前捕捉头发的快照点。

缓冲渲染选项:此设置仅适用于缓存渲染方法。

图 11-69

过度采样:控制应用于 Hair 缓冲区渲染的抗锯齿等级。

合成方法:此选项可用于选择 Hair 合成头发与场景其余部分的方法。合成选项仅限于"缓冲"渲染方法。

无：仅渲染头发，带有阻光度，生成的图像即可用于合成。

关闭：渲染头发阴影而非头发。

正常：标准渲染，在渲染帧窗口中将阻挡的头发和场景中的其余部分合成。由于存在阻光度，头发将无法出现在透明的物体之后（穿透）。

G 缓冲：缓冲渲染的头发出现大部分透明对象之后，不支持透明折射对象。

阻挡对象：此设置用于选择哪些对象将阻挡场景中的头发，即如果对象比较靠近摄影机而不是部分毛发阵列，则将不会渲染其后的头发。默认情况下，场景中的所有对象均阻挡其后的头发。

自动：场景中的所有可渲染对象均阻挡其后的头发。

全部：场景中的所有对象，包括不可渲染对象，均阻挡其后的头发。

自定义：可用于指定阻挡头发的对象。选择此选项，将令列表右侧的按钮变为可用。

添加：将单一对象添加到列表中。

添加列表：向列表中添加多个对象。

更换：要替换列表中的对象，在列表中高亮显示该对象的名称，单击"更换"按钮，然后单击视口中的替换对象。

删除：要从列表中删除对象，在列表中高亮显示该对象的名称，然后单击"删除"按钮。

照明：这些设置控制通过场景中支持的灯光从头发投射的阴影以及头发的照明。

阴影密度：指定阴影的相对黑度。

渲染时使用所有灯光：启用后，场景中所有支持的灯光均会照明，并在渲染场景时从头发投射阴影。

添加头发属性：将头发灯光属性卷展栏添加到场景中选定的灯光。

移除头发属性：从场景中选定的灯光移除头发灯光属性卷展栏。

2. "模糊"

使用"模糊"效果可以通过 3 种不同的方法使图像变模糊："均匀型""方向型"和"放射型"。模糊效果根据"像素选择"面板中所作的选择应用于各个像素。可以使整个图像变模糊，使非背景场景元素变模糊，按亮度值使图像变模糊，或使用贴图遮罩使图像变模糊。模糊效果通过渲染对象或摄影机移动的幻影，提高动画的真实感。

◎ **"模糊类型"卷展栏**

"模糊参数"卷展栏中的"模糊类型"选项卡如图 11-70 所示。

均匀型：将模糊效果均匀应用于整个渲染图像。

像素半径（%）：确定模糊效果的强度。如果增大该值，将增大每个像素计算模糊效果时使用的周围像素数。像素越多，图像越模糊。

影响 Alpha：启用该选项时，将均匀型模糊效果应用于 Alpha 通道。

方向型：按照"方向型"参数指定的任意方向应用模糊效果。

U 向像素半径（%）：确定模糊效果的水平强度。

图 11-70

U 向拖痕（%）：通过为 U 轴的某一侧分配更大的模糊权重，为模糊效果添加方向。此设置将添加条纹效果，创建对象或摄影机正在沿着特定方向快速移动的幻影。

V 向像素半径（%）：确定模糊效果的垂直强度。

V 向拖痕（%）：通过为 V 轴的某一侧分配更大的模糊权重，为模糊效果添加方向。此设置将添加条纹效果，创建对象或摄影机正在沿着特定方向快速移动的幻影。

旋转(度)：旋转将通过 "U 向像素半径（%）" 和 "V 向像素半径（%）" 微调器应用模糊效果的 U 向像素和 V 向像素的轴。"旋转(度)" 与 "U 向像素半径（%）" 和 "V 向像素半径（%）" 微调器配合使用，可以将模糊效果应用于渲染图像中的任意方向。

影响 Alpha：启用时，将方向型模糊效果应用于 Alpha 通道。

径向型：径向应用模糊效果。

像素半径(%)：确定半径模糊效果的强度。如果增大该值，将增大每个像素计算模糊效果时，将使用的周围像素数。像素越多，图像越模糊。

X 原点、Y 原点：以像素为单位，关于渲染输出的尺寸指定模糊的中心。

拖痕（%）：通过为模糊效果的中心分配更大或更小的模糊权重，为模糊效果添加方向。此设置将添加条纹效果，创建对象或摄影机正在沿着特定方向快速移动的幻影。

None：可以指定其中心作为模糊效果中心的对象。

清除：从上面的按钮中移除对象名称。

影响 Alpha：启用该选项时，将放射型模糊效果应用于 Alpha 通道。

使用对象中心：启用该选项后，None 按钮指定对象（工具提示：拾取要作为中心的对象）作为模糊效果的中心。如果没有指定对象并且启用 "使用对象中心" 复选项，则不向渲染图像添加模糊。

◎ "像素选择" 卷展栏

"模糊参数" 卷展栏中的 "像素选择" 选项卡如图 11-71 所示。

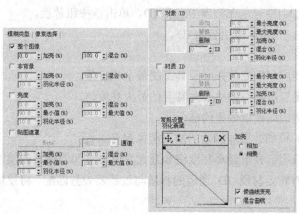

图 11-71

整个图像：选中时，模糊效果将影响整个渲染图像。

加亮：加亮整个图像。

混合：将模糊效果和 "整个图像" 参数与原始的渲染图像混合，可以使用此选项创建柔化焦点效果。

非背景：选中时，将影响除背景图像或动画以外的所有元素。

加亮：加亮除背景图像或动画以外的渲染图像。

羽化半径：羽化应用于场景的非背景元素的模糊效果。

混合：将模糊效果和"非背景"参数与原始的渲染图像混合。

亮度：影响亮度值介于"最小值"和"最大值"微调器之间的所有像素。

加亮：加亮介于最小亮度值和最大亮度值之间的像素。

羽化半径：羽化应用于介于最小亮度值和最大亮度值之间的像素的模糊效果。如果使用"亮度"作为"像素选择"，模糊效果可能会产生清晰的边界。使用微调器羽化模糊效果，消除效果的清晰边界。

混合：将模糊效果和"亮度"参数与原始的渲染图像混合。

贴图遮罩：根据"材质/贴图浏览器"选择的通道和应用的遮罩应用模糊效果。选择遮罩后，必须从"通道"列表中选择通道。然后，模糊效果根据"最小值"和"最大值"微调器中设置的值检查遮罩和通道。遮罩中属于所选通道并且介于最小值和最大值之间的像素将应用模糊效果。如果要使场景的所选部分变模糊，如通过结霜的窗户看到冬天的早晨，可以使用此选项。

通道：选择将应用模糊效果的通道。选择了特定通道后，使用最小和最大微调器可以确定遮罩像素要应用效果必须具有的值。

加亮：加亮图像中应用模糊效果的部分。

混合：将贴图遮罩模糊效果与原始的渲染图像混合。

最小值：像素要应用模糊效果必须具有的最小值（RGB、Alpha 或亮度）。

最大值：像素要应用模糊效果必须具有的最大值（RGB、Alpha 或亮度）。

羽化半径：羽化应用于介于最小通道值和最大通道值之间的像素的模糊效果。

对象 ID：如果具有特定对象 ID（在 G 缓冲区中）的对象与过滤器设置匹配，会将模糊效果应用于该对象或其中的部分。

添加：添加对象 ID 号。

替换：在 ID 中输入 ID 号，在列表中选择 ID，单击该按钮替换。

删除：选择 ID 号，单击该按钮删除 ID。

ID：输入 ID 号。

最小亮度：像素要应用模糊效果必须具有的最小亮度值。

最大亮度：像素要应用模糊效果必须具有的最大亮度值。

加亮：加亮图像中应用模糊效果的部分。

混合：将对象 ID 模糊效果与原始的渲染图像混合。

羽化半径：羽化应用于介于最小亮度值和最大亮度值之间的像素的模糊效果。

材质 ID：如果具有特定材质 ID 通道的材质与过滤器设置匹配，将模糊效果应用于该材质或其中部分。

最小亮度：像素要应用模糊效果必须具有的最小亮度值。

最大亮度：像素要应用模糊效果必须具有的最大亮度值。

加亮：加亮图像中应用模糊效果的部分。

混合：将材质模糊效果与原始的渲染图像混合。

羽化半径：羽化应用于介于最小亮度值和最大亮度值之间的像素的模糊效果。

羽化衰减：使用"羽化衰减"曲线可以确定基于图形的模糊效果的羽化衰减。可以向图形中添加点，创建衰减曲线，然后调整这些点中的插值。

加亮：使用这些单选按钮，可以选"相加"或"相乘"加亮。相加加亮比相乘加亮更亮，更明显。如果将模糊效果、光晕效果组合使用，可以使用相加加亮。相乘加亮为模糊效果提供柔化高光效果。

使曲线变亮：用于在"羽化衰减"曲线图中编辑加亮曲线。

混合曲线：用于在"羽化衰减"曲线图中编辑混合曲线。

3. "亮度和对比度"

使用"亮度和对比度"可以调整图像的对比度和亮度，可以用于将渲染场景对象与背景图像或动画进行匹配。图 11-72 所示为"亮度和对比度参数"卷展栏。

亮度：增加或减少所有色元（红色、绿色和蓝色）。

对比度：压缩或扩展最大黑色和最大白色之间的范围。

忽略背景：将效果应用于 3ds Max 场景中除背景以外的所有元素。

图 11-72

4. "色彩平衡"

使用"色彩平衡"可以通过独立控制 RGB 通道操作相加/相减颜色。图 11-73 所示为"色彩平衡参数"卷展栏。

青\红：调整红色通道。

洋红\绿：调整绿色通道。

黄\蓝：调整蓝色通道。

保持发光度：启用此选项后，在修正颜色的同时保留图像的发光度。

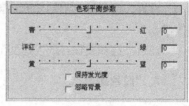

图 11-73

忽略背景：启用此选项后，可以在修正图像模型时不影响背景。

5. "景深"

"景深"效果模拟在通过摄影机镜头观看时，前景和背景的场景元素的自然模糊。景深的工作原理是：将场景沿 z 轴次序分为前景、背景和焦点图像。然后，根据在景深效果参数中设置的值，使前景和背景图像模糊，最终的图像由经过处理的原始图像合成。图 11-74 所示为"景深参数"卷展栏。

影响 Alpha：启用时，影响最终渲染的 Alpha 通道。

拾取摄影机：可以从视口中交互选择要应用景深效果的摄影机。

移除：删除下拉列表中当前所选的摄影机。

焦点节点：选择该选项，使用拾取的节点对象进行模糊。

拾取节点：可以选择要作为焦点节点使用的对象。

移除：移除选作焦点节点的对象。

图 11-74

自定义：使用"焦点参数"组中设置的值，确定景深效果的属性。

使用摄影机：使用在摄影机选择列表中高亮显示的摄影机值，确定焦点范围、限制和模糊效果。

水平焦点损失：在选中"自定义"选项时，确定沿着水平轴的模糊程度。

垂直角点损失：在选中"自定义"选项时，确定沿着垂直轴的模糊程度。

焦点范围：在选中"自定义"选项时，设置到焦点任意一侧的 z 向距离（以单位计），在该距离内，图像将仍然保持聚焦。

焦点限制：在选择"自定义"选项时，设置到焦点任意一侧的 z 向距离（以单位计），在该距离内模糊效果将达到其由"聚焦损失"微调器指定的最大值。

6. "文件输出"

"文件输出参数"卷展栏如图 11-75 所示。

文件：打开一个对话框，可以将渲染的图像或动画保存到磁盘上。

设备：打开一个对话框，以便将渲染的输出发送到录像机等设备。

清除：清除目标位置分组框中所选的任何文件或设备。

"驱动程序"组：只有将选择的设备用作图像源时，以下按钮才可用。

关于：提供使图像可以在 3ds Max 中处理的图像处理软件来源的有关信息。

设置：显示特定于插件的设置对话框，某些插件可能不使用此按钮。

图 11-75

通道：选择要保存或发送回渲染效果堆栈的通道。

7. "胶片颗粒"

"胶片颗粒"用于在渲染场景中重新创建胶片颗粒的效果。图 11-76 所示为"胶片颗粒参数"卷展栏。

颗粒：设置添加到图像中的颗粒数。

忽略背景：屏蔽背景，使颗粒仅应用于场景中的几何体和效果。

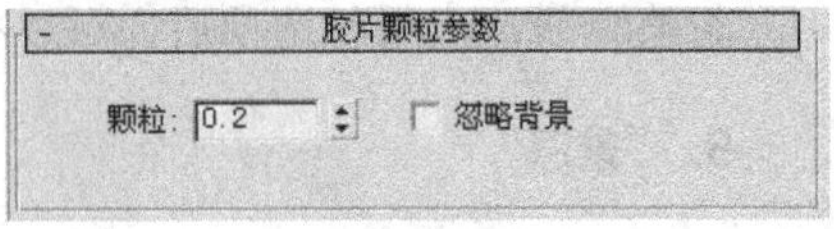

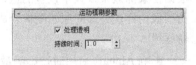

图 11-76

8. "运动模糊"

"运动模糊"通过使移动的对象或整个场景变模糊，将图像运动模糊应用于渲染场景。图 11-77 所示为"运动模糊参数"卷展栏。

处理透明：启用该选项时，运动模糊效果会应用于透明对象后面的对象。

持续时间：值越大，运动模糊效果越明显。

图 11-77

11.6.5 【实战演练】毛发效果

在场景中创建一个球体，并为其施加"Hair 和 Fur"修改器，然后配合"效果"面板中的"Hair 和 Fur"效果渲染出毛球的效果。（最终效果参看光盘中的"场景>第 11 章> 11.6.5 毛球.max"，见图 11-78。）

图 11-78

11.7　综合演练——爆炸效果

使用球体 Gizmo，并为其设置或效果，设置爆炸参数，即可制作出爆炸效果。（最终效果参看光盘中的 "场景>第 11 章>11.7 爆炸效果.max"，见图 11-79。）

图 11-79

11.8　综合演练——燃烧的火柴

创建几何体作为火柴，创建球体 Gizmo，并设置火效果，将其依附在球体 Gizmo 上，完成燃烧的火柴效果。（最终效果参看光盘中的 "场景>第 11 章>11.8 燃烧的火柴.max"，见图 11-80。）

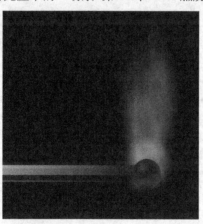

图 11-80

第12章 高级动画设置

本章将介绍 3ds Max 2014 中高级动画的设置，并对正向运动和反向运动进行详细的讲解。读者通过本章的学习，可以掌握 3ds Max 2014 高级动画的制作方法和应用技巧。

 课堂学习目标

- 正向运动
- 反向运动

12.1 / 木偶

12.1.1 【案例分析】

"正向动力学"是构成结构级别关系的基础，有很多不需要灵活控制的动画效果可以直接用正向动力学来完成。

12.1.2 【设计理念】

本案例介绍使用"正向动力学"创建木偶的层次链接。（最终效果参看光盘中的"场景>第 12 章>12.1 木偶.max"，见图 12-1。）

12.1.3 【操作步骤】

步骤 1 打开场景文件（光盘中的"场景>第 12 章>12.1 木偶 o.max"），切换到 ☑（显示）命令面板，如图 12-2 所示。在"按类别隐藏"卷展栏中，勾选"灯光"和"摄影机"选项，可以将场景中的灯光和摄影机进行隐藏以便于调整木偶模型。

步骤 2 可以看到场景中隐藏的灯光和摄影机，如图 12-3 所示。

步骤 3 在工具栏中选择 🔗（选择并连接）按钮，在场景中将手部模型链接到手部的关节处，如图 12-4 所示。

步骤 4 将手部关节链接到上一个手臂模型，如图 12-5 所示。

图 12-1

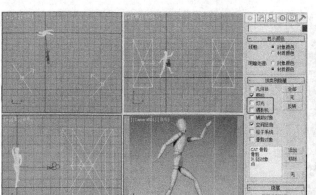

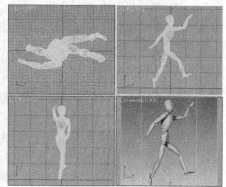

图 12-2   图 12-3

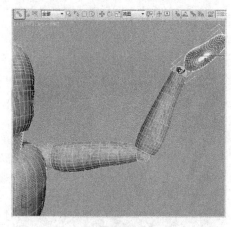

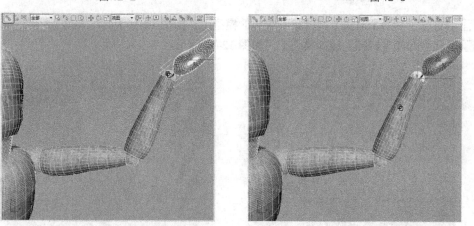

图 12-4   图 12-5

步骤 [5] 再将手臂链接到手臂的关节上，如图 12-6 所示。

步骤 [6] 将手臂关节链接到上臂上，如图 12-7 所示。

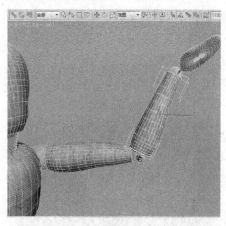

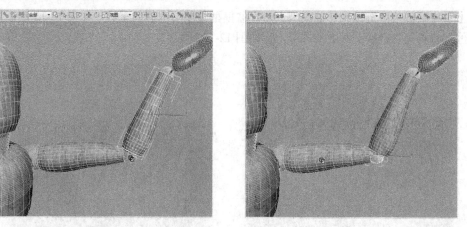

图 12-6   图 12-7

步骤 [7] 将上臂链接到肩部关节，使用同样的方法创建另一个手臂的链接，如图 12-8 所示。

步骤 [8] 将头部模型链接到脖子的模型上，如图 12-9 所示。

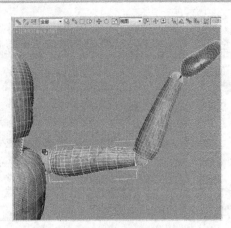

图 12-8

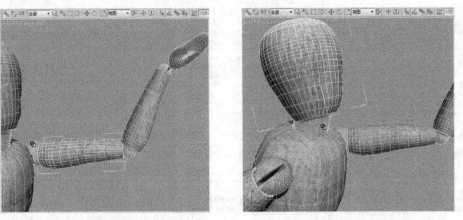

图 12-9

步骤 9 将脖子和两个肩关节都链接到胸部的模型上，如图 12-10 所示。

步骤 10 将胸部模型链接到腰部模型上，如图 12-11 所示。

图 12-10

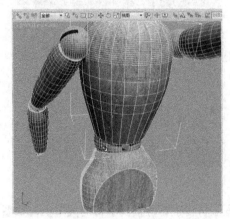

图 12-11

步骤 11 将腰部模型链接到骨盆模型上，骨盆模型是整个木偶的重心，如图 12-12 所示。

步骤 12 将脚模型链接到其上的关节上，如图 12-13 所示。

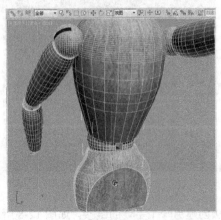

图 12-12

图 12-13

步骤 13 使用同样的方法将腿部模型进行链接，最终链接到骨盆模型上。在工具栏中单击 📐（图解视图（打开））按钮，如图 12-14 所示。

步骤 14 创建链接之后，接下来需要调整轴。切换到 （层次）命令面板，单击"仅影响轴"
按钮，如图 12-15 所示。

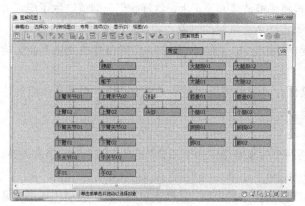

图 12-14

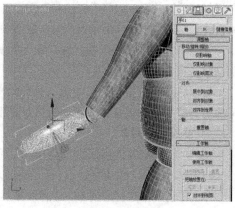

图 12-15

步骤 15 在场景中调整轴到父对象的根部，这样做是模型创建动画的必要步骤，如图 12-16 所示。

步骤 16 使用同样的方法调整各个模型的轴心，重心的轴是位于中间位置的，完成的轴心调整，
如图 12-17 所示。

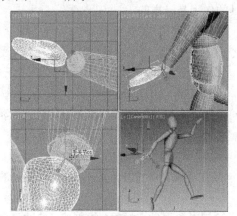

图 12-16

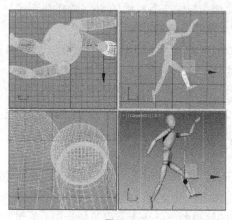

图 12-17

12.1.4 【相关工具】

1. 正向动力学

处理层次的默认方法使用一种称之为"正向动力学"的技术，这种技术采用的基本原理如下。

（1）按照父层次到子层次的链接顺序进行层次链接。

（2）轴点位置定义了链接对象的链接关节。

（3）按照从父层次到子层次的顺序继承位置、旋转和缩放变换。

2. 对象的链接

创建对象的链接前，首先要明白谁是谁的父级，谁是谁的子级，如车轮就是车体的子级，四

肢是身体的子级。正向运动学中父级影响子级的运动、旋转及缩放，但子级只能影响它的下一级，而不能影响父级。

将两个对象进行父子关系的链接，定义层级关系，以便进行链接运动操作。通常要在几个对象之间创建层级关系，如将手链接到手臂上，再将手臂链接到躯干上，这样它们之间就产生了层级关系，使正向运动或反向运动操作时，层级关系带动所有链接的对象，并且可以逐层发生关系。

子级对象会继承施加在父级对象上的变化（如运动、缩放、旋转），但它自身的变化不会影响到父级对象。

可以将对象链接到关闭的组。执行此操作时，对象将成为该组父级的子级，而不是该组的任何成员。整个组会闪烁，表示已链接至该组。

◎ **链接两个对象**

使用▓（选择并连接）工具，可以通过将两个对象链接作为子和父，定义它们之间的层次关系。

（1）选择工具栏中的▓（选择并连接）工具。

（2）在场景中选择子对象，选择对象后按住鼠标左键不放，并拖曳鼠标，这时会引出虚线（见图12-14）。

（3）牵引虚线至父对象上，父对象闪烁一下外框，表示链接成功，打开图解视图查看一下是否成功链接。

另一种方法就是在图解视图中选择▓（选择并连接）工具，在图解视图中选择子级，并将其拖向父级，与主工具栏中的▓（选择并连接）工具的作用是一样的。

◎ **断开当前链接**

取消两对象之间的层级链接关系，就是拆散父子链接关系，使子对象恢复独立，不再受父对象的约束。这个工具是针对子对象执行的。

（1）在场景中选择创建链接的模型。

（2）选择工具栏中的▓（断开当前选择链接）按钮，它与父对象的层级关系就会被取消。

3. 图解视图

在工具栏中单击▣（图解视图（打开））按钮，或在菜单栏中选择"图形辑器 > 保存的图解视图"命令，会打开图解视图。

"图解视图"是基于节点的场景图，通过它可以访问对象属性、材质、控制器、修改器、层次和不可见场景的关系，如关联参数和实例。

在此处可以查看、创建并编辑对象间的关系。可以创建层次，指定控制器、材质、修改器或约束。图12-18所示为图解视图。

通过图解视图用户可以完成以下操作。

（1）对象重命名。

（2）快速选取场景对象。

（3）快速选取修改器堆栈中的修改器。

（4）在对象之间复制、粘贴修改器。

（5）重新排列修改堆栈中的修改器顺序。

图 12-18

（6）查看和选取场景中所有共享修改器、材质或控制器的对象。

（7）快速选择对象的材质和贴图，并且进行各贴图的快速切换。

（8）将一个对象的材质复制粘贴给另一个对象，但不支持拖动指定。

（9）查看和选择共享一个材质或修改器的所有对象。

（10）对复杂的合成对象进行层次导航，如多次布尔运算后的对象。

（11）链接对象，定义层次关系。

（12）提供大量的 MAXScript 曝光。

对象在图解视图中以长方形的节点方式表示，可以随意安排节点的位置，移动时用鼠标左键单击并拖曳节点即可。

◎ **重要工具**

图 12-19

（显示浮动框）：显示或隐藏"显示浮动框"，如图 12-19 所示。在浮动框中决定在"图解视图"中显示或隐藏对象。

（选择）：使用此工具可以在"图解视图"窗口和视口中选择对象。

（链接）：用于创建层次，同工具栏中的 工具相同，在"图解视图"中将子对象拖向父对象，创建层级关系。

（断开选定对象链接）：在"图解视图"中选择需要断开链接的对象，单击此按钮即可将创建的层次解散。

（删除对象）：删除"图解视图"中选定的对象，删除的对象将从视口和"图解视图"中消失。

（层次模式）：用级联方式显示父对象/子对象的关系。父对象位于左上方，而子对象朝右下方缩进显示。

（参考模式）：基于实例和参考（而不是层次）来显示关系。使用此模式可查看材质和修改器。

（始终排列）：根据排列首选项（对齐选项）将图解视图设置为始终排列所有实体。执行此操作之前将弹出一个警告信息。启用此按钮将激活工具栏按钮。

（排列子对象）：根据设置的排列规则（对齐选项），在选定父对象下排列显示子对象。

（排列选定对象）：根据设置的排列规则（对齐选项），在选定父对象下排列显示选定对象。

（释放所有对象）：从排列规则中释放所有实体，在它们的左侧使用一个孔图标标记它们，并将它们留在原位。使用此按钮可以自由排列所有对象。

（释放选定对象）：从排列规则中释放所有选择的实体，在它们的左端使用一个孔图标标记它们并将它们留在原位。使用此按钮可以自由排列选定对象。

（移动子对象）：将图解视图设置为已移动父对象的所有子对象。启用此按钮后，工具栏按钮处于活动状态。

（展开选定项）：显示选定实体的所有子实体。

（折叠选定项）：隐藏选定实体的所有子实体，选定的实体仍保持可见。

图 12-20

（首选项）：显示图解视图首选项对话框。使用该对话框可以按类别控制图解视图中显示和隐藏的内容。这里有多种选项可以过滤和控制图解视图窗口中的显示，如图 12-20 所示。可以为"图解视图"窗口添加网络或背景图像。此处也可以选择排列方式，并确定是否与视口选择和"图解视图"窗口的选择同步，也可以设置节点链接样式。在此对话框中选择相应的过滤设置，可以更好地控制"图解视图"。

⊕（转至书签）：缩放并平移图解视图窗口以便显示书签选择。

⊗（删除书签）：移除显示在书签名称字段中的书签名。

🔍（缩放选定视口对象）：放大在视口中选定的对象，可以在此按钮旁边的文本字段中输入对象的名称。

选定对象文本输入窗口：用于输入要查找的对象名称。单击"缩放选定视口对象"按钮，选中的对象便会出现在"图解视图"窗口中。

提示区域：提供一条单行指令，告诉用户如何使用高亮显示的工具或按钮，或提示一些详细信息，如当前选定多少个对象。

✋（平移）：在窗口中水平或垂直移动。也可以使用"图解视图"窗口右侧和底部的滚动条，或是使用鼠标中键实现相同的效果。

🔍（缩放）：移近或移远"图解"显示。第一次打开"图解视图"窗口时，需要一定的时间缩放及平移，以在显示中获得合适的对象视图。节点的显示随移进或移出操作而改变。

按住 Ctrl 键再拖曳鼠标中键，也可以实现缩放。要缩放光标附近的区域，请在"图解视图设置"对话框中启用"以鼠标点为中心缩放"选项，单击"首选项"按钮，可以访问此对话框。

🔍（缩放区域）：绘制一个缩放窗口，放大显示该窗口覆盖的"图解视图"区域。

▢（最大化显示）：缩小窗口以便可以看到"图解视图"中的所有节点。

▣（最大化显示选定对象）：缩小窗口以便可以看到所有选定的节点。

✋（平移到选定对象）：平移窗口，使之在相同的缩放因子下包含选定对象，以便所有选定的实体在当前窗口范围内都可见。

◎ "图解视图"菜单栏

"编辑"菜单如图 12-21 所示。

链接：激活链接工具。

断开选定对象链接：断开选定实体的链接。

删除：从"图解视图"和场景中移除实体，取消所选关系之间的链接。

图 12-21

指定控制器：用于将控制器指定给变换节点。只有当选中控制器实体时，该选项才可用。打开"标准指定控制器"对话框。

关联参数：使用"图解视图"关联参数。只有当实体被选中时，该选项才处于活动状态，启动标准"关联参数"对话框。

对象属性：显示选定节点的"对象属性"对话框。如果未选定节点，则不会产生任何影响。

"选择"菜单如图 12-22 所示。

选择工具：在"始终排列"模式时激活"选择工具"，不在"始终排列"模式时，激活"选择并移动"工具。

全选：选择当前"图解视图"中的所有实体。

全部不选：取消当前"图解视图"中选择的所有实体。

反选：在当前"图解视图"中取消选择选定的实体，然后选择未选定的实体。

选择子对象：选择当前选定实体的所有子对象。

取消选择子对象：取消选择所有选中实体的子对象。父对象和子对象必须同时被选中，才能取消选择子对象。

选择到场景：在"视口"中选择"图解视图"中选定的所有节点。

图 12-22

从场景选择：在"图解视图"中选择"视口"中选定的所有节点。

同步选择：启用此选项时，在"图解视图"中选择对象时，还会在视口对象中选择它们，反之亦然。

"列表视图"菜单如图 12-23 所示。

图 12-23

所有关系：用当前显示的"图解视图"实体的所有关系，打开或重绘"列表视图"。

选定关系：用当前选中的"图解视图"实体的所有关系，打开或重绘"列表视图"。

全部实例：用当前显示的"图解视图"实体的所有实例，打开或重绘"列表视图"。

选定实例：用当前选中的"图解视图"实体的所有实例，打开或重绘"列表视图"。

显示事件：用与当前选中实体共享某一属性或关系类型的所有实体，打开或重绘"列表视图"。

所有动画控制器：用拥有或共享设置动画控制器的所有实体，打开或重绘"列表视图"。

"布局"菜单，如图 12-24 所示。

对齐：用于为"图解视图"窗口中选择的实体定位下列"对齐"选项。

排列子对象：根据设置的排列规则（对齐选项），在选定的父对象下面排列子对象的显示。

排列选定对象：根据设置的排列规则（对齐选项），在选定的父对象下面排列子对象的显示。

释放选定项：从排列规则中释放所有选定的实体，在其左端标记一个小洞图标，然后使其留在当前位置。使用此选项，可以自由排列选定对象。

图 12-24

释放所有项：从排列规则中释放所有实体，在其左端标记一个小洞图标，然后使其留在当前位置。使用此选项可以自由排列所有对象。

收缩选定项：隐藏所有选中实体的方框，保持排列和关系可见。

取消收缩选定项：使所有选定的收缩实体可见。

全部取消收缩：使所有收缩实体可见。

切换收缩：启用此选项时，会正常收缩实体。禁用此选项时，收缩实体完全可见，但是不取消收缩。默认设置为启用。

"选项"菜单如图 12-25 所示。

始终排列：根据选择的排列首选项，使"图解视图"总是排列所有实体。执行此操作之前将弹出一个警告信息。选择此选项可激活工具栏中的 （始终排列）按钮。

图 12-25

层次模式：设置"图解视图"以显示作为参考图的实体，不显示作为层次的实体。子对象在父对象下方缩进显示。在"层次"和"参考"模式之间进行切换不会造成损坏。

参考模式：设置"图解视图"以显示作为参考图的实体，不显示作为层次的实体。在"层次"和"参考"模式之间进行切换不会造成损坏。

移动子对象：设置"图解视图"来移动所有父对象被移动的子对象。启用此模式后，工具栏按钮处于活动状态。

首选项：打开"图解视图首选项"对话框。其中，通过过滤类别及设置显示选项，可以控制窗口中的显示内容。

图 12-26

"显示"菜单如图 12-26 所示。

显示浮动框：显示或隐藏"显示浮动框"，该框控制"图解视图"窗口中的显示内容。

隐藏选定对象：隐藏"图解视图"窗口中选定的所有对象。

全部取消隐藏：将隐藏的所有项显示出来。

扩展选定对象：显示选定实体的所有子实体。

塌陷选定项：隐藏选定实体的所有子实体，使选定的实体仍然可见。

"视图"菜单如图 12-27 所示。

平移：激活"平移"工具，可使该工具通过拖曳光标在窗口中水平和垂直移动。

平移至选定项：使选定实体在窗口中居中。如果未选择实体，将使所有实体在窗口中居中。

缩放：激活缩放工具。通过拖曳光标移近或移远"图解"显示。

缩放区域：通过拖动窗口中的矩形缩放到特定区域。

最大化显示：缩放窗口以便可以看到"图解视图"中的所有节点。

最大化显示选定对象：缩放窗口以便可以看到所有选定的节点。

显示栅格：在"图解视图"窗口的背景中显示栅格。默认设置为启用。

显示背景：在"图解视图"窗口的背景中显示图像。通过首选项设置图像。

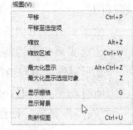

图 12-27

刷新视图：当更改"图解视图"或场景时，重绘"图解视图"窗口中的内容。

除上述之外，在"图解视图"中单击鼠标右键，弹出快捷菜单，其中包含用于选择、显示和操纵节点选择的控件。使用此功能可以快速访问"列表视图"和"显示浮动框"，还可以在"参考模式和"层次模式"间快速切换。

12.1.5 【实战演练】蝴蝶

蝴蝶的重心是身体，创建蝴蝶的链接，调整蝴蝶的轴心位置，并为蝴蝶创建动画。（最终效果参看光盘中的"场景>第 12 章>12.1.5 蝴蝶.max"，见图 12-28。）

图 12-28

12.2 机器人

12.2.1 【案例分析】

反向动力学（Inverse Kinematics，IK），这里的"反"是对应"正"而言的，主要是指父级与子级的数据传递是双向的。父级的动作可以向子级传递；反之，子级的动作也可以传递给父级，只要运动某一子级，则该子级与父级之间的所有关节都能做相应动作，各关节之间的旋转自动生成，无须逐一调试。

12.2.2 【设计理念】

下面介绍反向动力学的例子——木偶机器人挥手的动画。首先创建父子关系链接，然后调整轴心。通过调整 IK 参数，设置交互式 IK 动画。（最终效果参看光盘中的"场景>第 12 章>12.2 机器人.max"，见图 12-29。）

12.2.3 【操作步骤】

步骤 1 首先打开光盘中的"场景>第 12 章>12.2 机器人 o.max"，如图 12-30 所示，使用 （选择并连接）工具，在场景中创建链接，中心在身体下、腿以上的模型。

图 12-29   图 12-30

步骤 2 在场景中调整轴的位置，如图 12-31 所示。

步骤 3 在场景中选择如图 12-32 所示的胳膊模型，切换到 （层次）命令面板，选择 IK 按钮，在"转动关节"卷展栏中勾选"X 轴"中的"活动"和"受限"命令，设置"从"和"到"的参数，可以调整微调器观察受限的区域；取消"Y 轴"、"Z 轴"中"活动"的勾选。

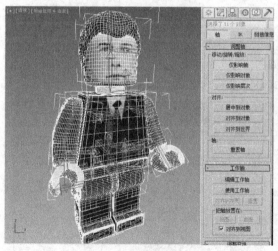
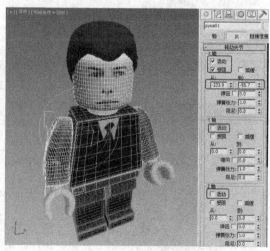

图 12-31   图 12-32

步骤 4 使用同样的方法设置另一个胳膊的"转动关节"参数，如图 12-33 所示。

步骤 5 设置头部的"转动关节"参数，如图 12-34 所示。

步骤 6 设置身体的"转动关节"参数，如图 12-35 所示。

步骤 7 设置腿部的"转动关节"参数，如图 12-36 所示。

图 12-33

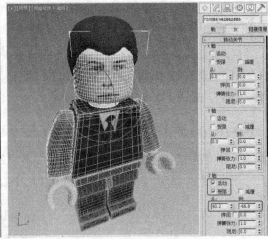

图 12-34

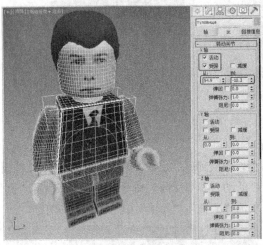

图 12-35

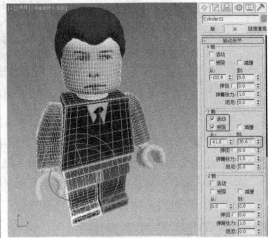

图 12-36

步骤 8 设置另一条腿的"转动关节"参数，如图 12-37 所示。

步骤 9 在"反向运动"卷展栏中单击"交互式 IK"按钮，如图 12-38 所示。

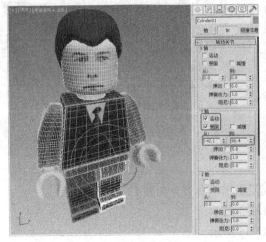

图 12-37

图 12-38

步骤 10 在场景中选择重心,在"对象参数"卷展栏中勾选"终结点"选项,如图 12-39 所示。

步骤 11 单击"自动关键点"按钮,拖动时间滑块到第 60 帧的位置,在场景中调整手部模型,如图 12-40 所示。

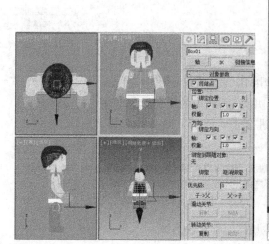

图 12-39

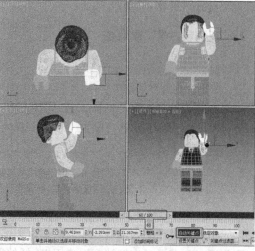

图 12-40

步骤 12 还可以设置其他的关键点动画,这里就不详细介绍了,制作完成动画后,关闭"交互式 IK"按钮,预览动画。

12.2.4 【相关工具】

1. 使用反向动力学制作动画

反向运动学建立在层次链接的概念上。要了解 IK 是如何进行工作的,首先必须了解层次链接和正向运动学的原则。使用反向运动学创建动画有以下的操作步骤。

(1)首先确定场景中的层次关系。

生成计算机动画时,最有用的工具之一是将对象链接在一起以形成链的功能。通过将一个对象与另一个对象相链接,可以创建父子关系。应用于父对象的变换同时将传递给子对象。链也称为层次。

父对象:控制一个或多个子对象的对象。一个父对象通常也被另一个更高级别的父对象控制。

子对象:父对象控制的对象。子对象也可以是其他子对象的父对象。默认情况下,没有任何父对象的对象是世界的子对象。

(2)使用链接工具或在图解视图中对模型由子级向父级创建链接。

(3)调整轴。

在层级关系中的一项重要任务,就是调整轴心所在的位置,通过轴设置对象依据中心运动的位置。

提 示 确保避免对要使用 IK 设置动画的层次中的对象使用非均匀缩放。如果进行了操作,会看到拉伸和倾斜。为避免此类问题,应该对子对象等级进行非均匀缩放。如果有些对象显示了这种行为,那么要使用重置变换。

（4）在"IK"面板中设置动画。

（5）使用"应用IK"按钮完成动画。

使用"交互式IK"制作完动画后，单击"交互式IK"按钮，并勾选"清除关键点"复选项，在关键帧之间创建IK动画。

2. "反向动力学"卷展栏

"反向动力学"卷展栏如图12-41所示。

交互式IK：允许对层次进行IK操纵，而无须应用IK解算器或使用下列对象。

应用IK：为动画的每一帧计算IK解决方案，并为IK链中的每个对象创建变换关键点。提示行上出现蓝图形，指示计算的进度。

图 12-41

提 示　　"应用IK"是该软件从早期版本开始就具有的一项功能。建议先探索"IK 解算器"方法，并且仅当"IK 解算器"不能满足需要时，再使用"应用 IK"。

仅应用于关键点：为末端效应器的现有关键帧解算IK解决方案。

更新视口：在视口中按帧查看应用IK帧的进度。

清除关键点：在应用IK之前，从选定IK链中删除所有移动和旋转关键点。

开始、结束：设置帧的范围以计算应用的IK解决方案。"应用IK"的默认设置计算活动时间段中每个帧的IK解决方案。

3. "对象参数"卷展栏

反向运动系统中的子对象会使父对象运动，移动一个子对象会引起祖先（根）对象的不必要的运动。例如，移动一个人的手指实际上会移动他的头部。为了防止这种情况的发生，可以选择系统中的一个对象作为终结点。终结点是IK系统中最后一个受子对象影响的对象。把大臂作为一个终结点，就会使手指的运动不会影响到大臂以上的身体对象（本卷展栏只适用于"交互式IK"）。图12-42所示为"对象参数"卷展栏。

终结点：是否使用自动终结功能。

绑定位置：将IK链中的选定对象绑定到世界（尝试着保持它的位置），或者绑定到跟随对象。如果已经指定了跟随对象，则跟随对象的变换会影响IK解决方案。

绑定方向：将层次中选定的对象绑定到世界（尝试保持它的方向），或者绑定到跟随对象。如果已经指定了跟随对象，则跟随对象的旋转会影响IK解决方案。

R：在跟随对象和末端效应器之间建立相对位置偏移或旋转偏移。

该按钮对"HD IK 解算器位置"末端效应器没有影响。将它们创建在指定关节点顶部，并且使其绝对自动。

图 12-42

提 示　　如果移动关节远离末端效应器，并要重新设置末端效应器给绝对位置，可以删除并重新创建末端效应器。

轴 X/Y/Z：如果其中一个轴处于禁用状态，则该指定轴就不再受跟随对象或"HD IK 解算器位置"末端效应器的影响。

例如，如果关闭"位置"下的 X 轴，跟随对象（或末端效应器）沿 X 轴的移动就对 IK 解决方案没有影响，但是沿 Y 或者 Z 轴的移动仍然有影响。

权重：在跟随对象（或末端效应器）的指定对象和链接的其他部分上，设置跟随对象（或末端效应器）的影响。设置是 0 会关闭绑定。使用该值可以设置多个跟随对象或末端效应器的相对影响和在解决 IK 解决方案中它们的优先级。相对"权重"值越高，优先级就越高。

"权重"设置是相对的，如果在 IK 层次中仅有一个跟随对象或者末端效应器，就没必要使用它们。不过，如果在单个关节上带有"位置"和"旋转"末端效应器的单个 HD IK 链，可以给它们不同的权重，将优先级赋予位置或旋转解决方案。

可以调整多个关节的"权重"。在层次中选择两个或者多个对象，权重值代表选择设置的共同状态。

反向运动学链中将对象绑定到跟随对象和取消绑定的控制。

（标签）：显示选定跟随对象的名称。如果没有设置跟随对象，则显示"无"。

绑定：将反向运动学链中的对象绑定到跟随对象。

取消绑定：在 HD IK 链中从跟随对象上取消选定对象的绑定。

优先级：3ds Max 2014 在计算 IK 求解时，链接处理的次序决定最终的结果。使用优先级值设置链接处理的次序。要设置一个对象的优先值，选择这个对象，并在优先值中输入一个值。3ds Max 2014 会首先计算优先值大的对象。IK 系统中所有对象默认优先值都为 0，它假定距离末端受动器近的对象移动距离大，这对大多数 IK 系统的求解是适用的。

子 > 父：自动设置选定的 IK 系统对象的优先值。此按钮把 IK 系统根对象的优先值设为 0，根对象下每一级对象的优先值都增加 10。它和使用默认值时的作用相似。

父 > 子：自动设置选定的 IK 系统对象的优先值。它把根对象的优先值设为 0，其下每降低一级，对象优先值都递减 10。

在"滑动关节"和"转动关节"组中可以为 IK 系统中的对象链接设定约束条件，使用"复制"按钮和"粘贴"按钮，能够把设定的约束条件从 IK 系统的一个对象链接上复制到另一个对象链接上。"滑动关节"用来复制链接的滑动约束条件，"转动关节"用来复制链接的旋转约束条件。

镜像粘贴：用来在粘贴的同时进行链接设置的镜像反转。镜像反转的轴向可以随意指定，默认为"无"，既不进行镜像反转，也可以使用主工具栏上的 ▥▥（镜像）工具来复制和镜像 IK 链，但必须要选中镜像对话框中的"镜像 IK 限制"选项，才能保证 IK 链的正确镜像。

4. "转动关节"卷展栏

"转动关节"卷展栏用于设置子对象与父对象之间相对滑动的距离和摩擦力，分别通过 X 轴、Y 轴、Z 轴 3 个轴向进行控制，如图 12-43 所示。

提　示 当对象的位置控制器处于"Bezier 位置"控制属性时，"转动关节"卷展栏才会出现。

活动：用于开闭此轴向的滑动和旋转。

受限：当它开启时，其下的"从"和"到"有意义，用于设置滑动距离和旋转角度的限制范围，即从哪一处到哪一处之间允许此对象进行滑动或转动。

减缓：勾选该选项时，关节运动在指定范围的中间部分可以自由进行，但在接近"从"或"到"限定范围时，滑动或旋转的速度被减缓。

弹回：打开"弹回"设定，设置滑动到端头时进行反弹，右侧数值框用于确定反弹的范围。

弹簧张力：设置反弹作用的强度，值越高，反弹效果越明显；如果设置为0，没有反弹效果；反弹张力如果设置得过高，可以产生排斥力，关节就不容易达到限定范围终点。

阻尼：设置整个滑动过程中收到的阻力，值越大，滑动越艰难，表现出对象巨大、干燥而笨重。

图 12-43

5. "自动终结"卷展栏

暂时指定终结器一个特殊链接号码，使沿该反向运动学链上的指定数量对象作为终结器，它仅工作在互动式 IK 状态下，对指定式 IK 和 IK 控制器不起作用。图 12-44 所示为"自动终结"卷展栏。

交互式 IK 自动终结：自动终结控制的开关项目。

图 12-44

上行链接数：指定终结设置向上传递的数目。例如，如果此值设置为 5，当操作一个对象时，沿此层级链向上第 5 个对象将作为一个终结器，阻挡 IK 向上传递。当值为 1 时，将锁定此层级链。

12.2.5 【实战演练】机械手臂

通过设置"滑动关节"和"转动关节"创建机械手动画。（最终效果参看光盘中的"场景>第 12 章>12.2.5 机械手臂.max"，见图 12-45。）

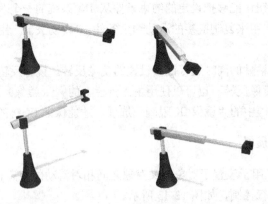

图 12-45

12.3 综合演练——机器人 2

通过设置层次链接，调整轴心，并创建 IK 动画，完成机器人手臂的动作。（最终效果参看光盘中的"场景>第 12 章>12.3 机器人 2.max",见图 12-46。)

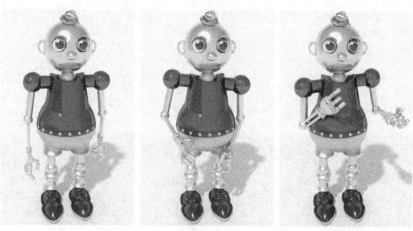

图 12-46

12.4 综合演练——蜜蜂

通过蜜蜂的连接，调整轴心，并创建煽动的翅膀，完成蜜蜂移动的动画。（最终效果参看光盘中的"场景>第 12 章>12.4 蜜蜂.max"，见图 12-47。）

图 12-47